自作マニアのための
小型モータ・パーフェクトブック

基礎から学んで Arduino & Raspberry Pi による制御を楽しもう

MOTORS for MAKERS

A Guide to Steppers, Servos, and Other Electrical Machines

マシュー・スカルピノ [著]／百目鬼 英雄 [監訳]　Matthew Scarpino／Hideo Dohmeki

技術評論社

Authorized translation from the English language edition, entitled
MOTORS FOR MAKERS: A GUIDE TO STEPPERS, SERVOS, AND OTHER ELECTRICAL MACHINES,
1st Edition, ISBN:0134032837 by SCARPINO, MATTHEW, published by Pearson Education, Inc,
published as Que Publishing, Copyright © 2016.

マシュー・スカルピノ著の英語版書籍「MOTORS FOR MAKERS: A GUIDE TO STEPPERS, SERVOS, AND OTHER ELECTRICAL MACHINES」(1st Edition, ISBN:0134032837, Pearson Education, Inc, published as Que Publishing, Copyright © 2016) の 翻訳は許可されています。

All rights reserved. No part of this book may be reproduced or transmitted in any form or by any means, electronic or mechanical, including photocopying, recording or by any information storage retrieval system, without permission from Pearson Education, Inc.

全ての著作権は保護されています。本書のいかなる部分も、Pearson Education 社の許可なく、複写、録音、または情報検索システムを含む、電子的または機械的な手段を問わず、いかなる形式や手段によっても複製または送信することは認められていません。

JAPANESE language edition published by GIJUTSU HYOHRON, Co., Ltd., Copyright © 2018.

日本語版は、2018 年に技術評論社から出版されました。

Japanese translation rights arranged with PEARSON EDUCATION, INC., through Tuttle-Mori Agency, Inc., Chiyoda-ku, Tokyo, Japan

日本語翻訳権は、タトル・モリエージェンシー(東京千代田区)を通して PEARSON EDUCATION 社より手配されました。

● 本書をお読みになる前に
・本書に記載された内容は、情報の提供のみを目的としています。したがって、本書を用いた運用は、必ずお客様自身の責任と判断によって行ってください。これらの情報の運用の結果について、技術評論社、著者および監訳者はいかなる責任も負いません。
・本書記載の情報は、2018 年 8 月現在のものを掲載していますので、ご利用時には、変更されている場合もあります。

　以上の注意事項をご承諾いただいた上で、本書をご利用願います。これらの注意事項をお読みいただかずに、お問い合わせいただいても、技術評論社および著者は対処しかねます。あらかじめ、ご承知おきください。

● 商標、登録商標について
　本書に登場する製品名などは、一般に各社の商標または登録商標です。なお、本文中に ™、® などのマークは記載しておりません。

監訳者まえがき

　技術評論社から、アメリカでモータ制御に関し面白い本が出版されているので、日本で翻訳出版ができないかと相談を受けました。試読したところ、モータについての内容は、多少理解が未熟な点がありましたが、モータ制御についてはマイクロコントローラとしてArduino Mega、Raspberry Pi、BeagleBone Blackの3種類のボードについてそれぞれ機能から制御プログラムまでが解説され興味のある内容でした。また、ドローンの試作についての章もあり、具体的にモータを動かしてみたい読者には最適な内容になっていると思いました。

　日本語訳の出版に際して、モータについて原著で不必要と思われる内容を割愛し、制御用モータを中心に章を組み替えて、内容も必要に応じて加筆して構成し直しました。DCモータからステッピングモータ、サーボモータまでモータの知識がない読者にもわかりやすい内容となっていると思います。Arduino Mega、Raspberry Piのボードについては、実際に駆動回路基板でモータを駆動することをプログラムから確認しましたので、本書の内容でそのままモータを駆動することが可能だと思います。模型電車やサーボモータによるロボットアームの駆動について具体的なプログラムで駆動した例を掲載しましたので、実際にやりたいことをすぐ実現できる構成としてあります。BeagleBone Blackについては制御基板が入手できなかったため実際の駆動は行えませんでしたが、非常にパフォーマンスの高いボードですので、制御にチャレンジしてみてください。

　出版に際しては、技術評論社の大倉様、トップスタジオの金子様、大戸様に大変お世話になりました。

百目鬼 英雄

目次

監訳者まえがき iii

Chapter 1 モータ概論 1

1.1 簡単な歴史 2
1.1.1 エルステッドのコンパス磁心 2
1.1.2 イェドリクのself-rotor 3
1.2 モータの構造 3
1.2.1 外部構造 4
1.2.2 内部構造 4
1.3 モータの種類 5
1.4 トルクと角速度 8
1.4.1 力 8
1.4.2 トルク 8
1.4.3 角速度 9
1.5 モータの等価回路 10
1.6 まとめ 13

Chapter 2 DCモータ 15

2.1 DCモータの基本 16
2.1.1 トルク、電流、トルク定数 K_T 16
2.1.2 回転速度、電圧、誘導器電圧定数 K_V 17
2.1.3 スイッチング回路 18
2.1.4 パルス幅変調 20
2.2 ブラシ付きDCモータの原理 21
2.2.1 機械的整流 22
2.2.2 利点と欠点 23
2.2.3 駆動回路 23

2.3 まとめ 26

Chapter 3 ブラシレスDCモータ 27

3.1 ブラシレスDCモータの構造 28
    3.1.1 ブラシレスDCモータの制御 29
3.2 電子速度制御（ESC） 32
3.3 まとめ 34

Chapter 4 ステッピングモータ 35

4.1 種類と構造 36
    4.1.1 VR形ステッピングモータ 37
    4.1.2 PM形ステッピングモータ 37
    4.1.3 HB形ステッピングモータ 38
4.2 動作原理とステップ角 39
4.3 制御方式と運転特性 42
    4.3.1 マイクロステップ駆動 45
4.4 まとめ 45

Chapter 5 サーボモータ 47

5.1 サーボとは 48
5.2 サーボモータのドライブ 50
5.3 速度、位置制御の意味 52
    5.3.1 速度制御 54
    5.3.2 位置制御 56
5.4 ホビー用サーボ 58
    5.4.1 PWM制御 59
5.5 まとめ 60

Chapter 6 Arduino Megaによるモータ制御　61

6.1 Arduino Mega ... 62
- 6.1.1 Arduino Megaボード ... 63
- 6.1.2 マイクロコントローラとATmega2560 ... 64

6.2 Arduino Megaのプログラミング ... 67
- 6.2.1 Arduino開発環境の準備 ... 67
- 6.2.2 開発環境を利用する ... 70
- 6.2.3 Arduinoのプログラミング ... 72

6.3 Arduino Motor Shield ... 79
- 6.3.1 電源 ... 80
- 6.3.2 L298PデュアルHブリッジ接続 ... 81
- 6.3.3 ブラシ付きDCモータの制御 ... 83

6.4 ステッピングモータの制御 ... 84
- 6.4.1 Stepperライブラリ ... 85
- 6.4.2 ステッピングモータの制御 ... 87

6.5 サーボモータの制御 ... 90
- 6.5.1 Servoライブラリ ... 90

6.6 ロボットアームへの応用 ... 92

6.7 まとめ ... 97

Chapter 7 Raspberry Piによるモータ制御　99

7.1 Raspberry Piとは ... 100
- 7.1.1 Raspberry Piボード ... 101
- 7.1.2 BCM2837システムオンチップ ... 102

7.2 Raspberry Piのプログラミング ... 103
- 7.2.1 Raspbianの概要 ... 104
- 7.2.2 PythonとIDLE ... 105
- 7.2.3 汎用IOピンへの接続 ... 107

7.3 サーボモータの制御 ... 113
- 7.3.1 PWMの設定 ... 113
- 7.3.2 サーボ制御 ... 116

7.4 RaspiRobot Board ... 118
- 7.4.1 L293DDICの概要 ... 120
- 7.4.2 RaspiRobot BoardのPythonスクリプト ... 121
- 7.4.3 DCモータの制御 ... 122
- 7.4.4 ステッピングモータの制御 ... 123

7.5 模型機関車への応用 ... 125

7.6 まとめ ... 128

Chapter 8 BeagleBone Blackによるモータ制御　131

8.1 BeagleBone Blackとは ... 132
- 8.1.1 BeagleBone Blackの回路基板 ... 132
- 8.1.2 AM3359 System on Chipコントローラ ... 134

8.2 BBBプログラミング ... 135
- 8.2.1 DebianというOS ... 135
- 8.2.2 Adafruit-BBIOモジュール ... 137
- 8.2.3 汎用IOピンとの接続 ... 138

8.3 PWMの生成 ... 143

8.4 Dual Motor Controller Cape (DMCC) とは ... 146
- 8.4.1 BeagleBone BlackとDual Motor Controller Capeの通信 ... 147
- 8.4.2 PWM信号の生成 ... 148
- 8.4.3 スイッチング回路 ... 149
- 8.4.4 モータ制御 ... 150

8.5 まとめ ... 152

Chapter 9 Arduinoベースの電子速度制御　153

9.1 ESCの概略 ... 154

9.2 スイッチング回路 ... 157
- 9.2.1 MosFETスイッチ ... 158
- 9.2.2 MosFETドライバ ... 161
- 9.2.3 ブートストラップコンデンサ ... 163

9.3 ゼロクロス検出 164
9.3.1 ステップ1：V_Pと三相巻線（V_A, V_B, V_C）の電圧との関係 167
9.3.2 ステップ2：V_Oと2つの励磁された巻線電圧との関係 167
9.3.3 ステップ3：V_Oと浮いた巻線と浮動逆起電力の電圧との関係 168
9.3.4 ステップ4：浮動逆起電力の解決結果のまとめ 168

9.4 回路図の設計 169
9.4.1 ヘッダ接続 169
9.4.2 MosFETとMosFETドライバ 171
9.4.3 ゼロクロス検出 172

9.5 基板設計 172

9.6 ブラシレスDCモータの操作 174
9.6.1 ブラシレスDCモータの操作の基本 174
9.6.2 Arduinoを通したブラシレスDCモータのインターフェイス 176

9.7 まとめ 180

Chapter 10 クワッドコプタの設計　183

10.1 フレーム 184

10.2 プロペラ 186
10.2.1 プロペラの力学 186
10.2.2 プロペラの選定 190

10.3 モータ 192

10.4 電子部品 193
10.4.1 送受信機 194
10.4.2 フライトコントローラ 198
10.4.3 ESC (Electronic Speed Control) 201
10.4.4 バッテリ 203

10.5 構造 204

10.6 まとめ 206

用語集 207

索引 213

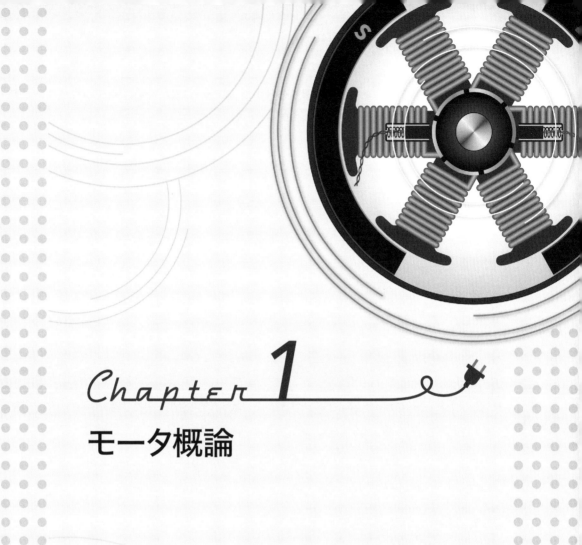

Chapter 1
モータ概論

Chapter 1　モータ概論

　電気回路内に組み込まれる多くの部品のなかで、モータほど多種多様な使われ方がされているものはない。モータは、ロボットハンドのグリップの動作、電気自動車の駆動、ドローンの飛行などを可能とするクワドコプター、近年注目を集める3Dプリンターの実現には不可欠なものとなっている。そして、これらの装置の設計者は、要求性能に見合うモータ制御装置の設計を行わなければならない。

　しかし、すべてのモータの特性を理解することは困難を伴う。回路設計における抵抗の選定では、誤差、温度、電力定格などの単純な要素のみを考慮すればよいが、モータの選定に際しては、非常に多くの項目を満足するように行う必要がある。

　本書では、現在入手可能な多種のモータについて概説することで、要求に見合うモータを選定できるようになることを目的としている。

1.1　簡単な歴史

　ここでは、モータの基礎となる物理現象について深くは取り扱わないが、すべての技術者が知っておくべき2つの歴史的発明について解説する。第一のものはデンマークで発明された動く針の発見であり、第二のものは、ハンガリーで発明された回転する導体である。

　1.1.1　エルステッドのコンパス磁心

　デンマークの物理学者ハンス・エルステッドは、電気と磁気の関係を研究し、1820年に次のような奇妙な現象に気づいた。コンパスのそばに置いた銅線に流す電流を変化させた場合、磁心がその変化により動いたのである。図1.1にその様子を示す。

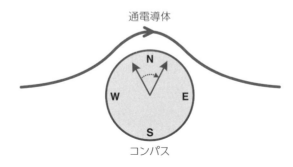

図1.1　コンパスの磁針

簡単な現象にもかかわらず、この実験結果はモータの基本関係を表す、磁界と電流という2つの関係を表現している。

1.1.2　イェドリクのself-rotor

エルステッドの実験結果は、科学界に重大な影響を与えた。フランスにおいては、アンドレ・アンペールが磁界中の導体に流れる電流の式を導き出した。イギリスのマイケル・ファラデーは、磁界中の導体の移動がどのような現象を引き起こすのかという実験を行った。最初の実用的なモータの発明は、ハンガリーの物理学者であるイェドリク・アーニョシュにより行われた。コンパスの外に導体を配置する代わりに、2つのコイルを巻き、1つを固定し、もう1つの巻線を内側に配置したのである。図1.2にその原型を示す。

図1.2　イェドリクモータの原型

1.2　モータの構造

システムを設計する際、技術者はより正確であることを好み、特にシステム制御にかかわる技術者はその傾向が強い。この節の目的は、モータ各部の構成を概説することにある。なお、ここで使われる用語は本書全体を通して使われる。

モータは、電気的部分と機械的部分を併せ持つということに注目してほしい。そのため、同じ箇所を指す用語でありながら、電気と機械によって違った言葉が使われる点に注意を要する。

Chapter 1 モータ概論

1.2.1 外部構造

モータの構造を述べるため、始めに単純なDCモータの外観を図1.3に示す。この外観では、3つの構成用語が使われている。

- **ケース**
  ステータを支えるケース
- **軸**
  モータから出る出力軸
- **電線**
  モータに電力を運ぶ導体

これらの用語は直感的に理解できるだろう。電線を通してモータに電力が供給される。軸は、ラジコンカーのタイヤのような負荷に接続される。

図1.3　モータの外部写真

1.2.2 内部構造

DCモータの断面図を図1.4に示す。電流が流れることにより、ロータが回転する。機械的観点から、モータは2つの部分に分けられる。ロータは回転する部分であり、ステータは静止する部分である。ロータとステータを分割する部分をエアギャップと呼ぶ。

電気的には、さらに2つの部分に分割される。電機子は、電流が流れる部分となる。第二の部分は、界磁を作る部分で、図1.4では永久磁石によって界磁がつくられており、この永久

磁石を界磁磁石と呼ぶ。界磁を電磁石で構成することもでき、この場合は界磁巻線と呼ばれ、これがどのような働きをするかは第2章で述べる。

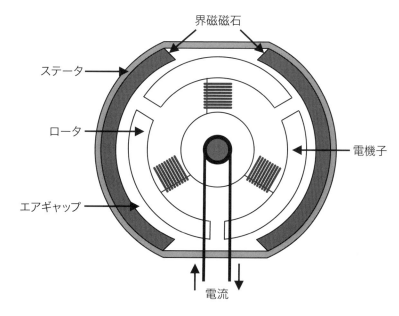

図1.4 DCモータの内部構造

1.3 モータの種類

　モータの種類は、電源と回転の状況から、DCモータ、同期モータ、誘導モータに、大きく分類することができる。また、ステッピングモータ、サーボモータ、マイクロモータなど、さまざまな呼び方がされるモータが多数存在している。これはユーザに混乱を与えるもとだが、昔から使われていたモータとドライブ回路とを一体にして新しい機能を付け加え、新たな名前をつけるといったことがしばしば起こっている。例えば、スイッチトリラクタンスモータは、1970年代中盤までは、VR形ステッピングモータの閉ループ駆動と呼ばれていた。これを、イギリスのリード大学のピーター・ローレンソン教授のグループが、このような制御を行うドライブシステムが、誘導モータに取って代わる新しい革新的なモータであるとして、突然、Switched Reluctance Motor (SRM) と命名したことを契機としている。

Chapter 1 モータ概論

 また、ファンモータの分野では、従来、モータとして誘導モータをAC電源で使用していたのに対し、半導体によるドライブ技術の発展によりDC電源から直接駆動できることからDCファンという名前が付けられて現在に至っている。しかし、モータとしては、永久磁石同期モータが使用されていることに気を止めるユーザはあまりいないだろう。

 このようにモータの名称は、直流、交流という単純な電源からの分類だけでなく、使用される用途や、モータの形態や形状などによりさまざまである。ここでは、ドライブの形態から見たモータの分類を紹介することで、モータの種類について概説する。図1.5がモータをドライブから見た分類の一例である。

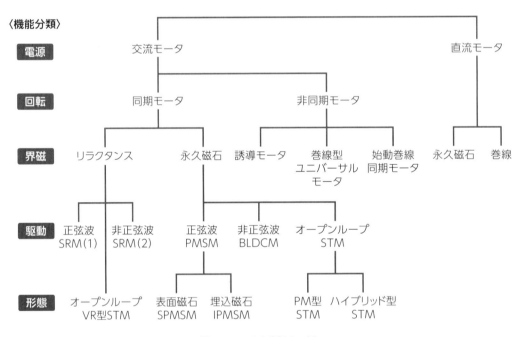

図1.5 モータの分類の一例

 一番大きな分類はモータに接続する電源の違いであり、直流電源に接続する直流モータと交流電源に接続する交流モータに分けられる。

 次の分類として、交流モータは、さらに交流の周波数に同期して回転する同期モータと、同期しないで回転する非同期モータに分けられる。非同期モータという言葉は日本では耳慣れないが、欧米ではasynchronousという言葉で呼ばれる場合が見かけられるため、ここでは同期／非同期という分類をした。

ここまでで、図の上から2段目を見るとわかるとおり、モータは3種類に分類されたことになる。

次の分類要素としては、モータの界磁をどのように構成するかが考えられる。つまり、界磁磁界を、永久磁石で作るか、それとも巻線で作るかの違いである。しかし、リラクタンスモータは、電機子電流の作る磁界によって鉄芯同士が引き付けあうことを利用して界磁を作っていて、誘導はステータからの誘導で界磁を作っていることから、単独で分類される。

次は駆動によって分類されるのだが、正弦波電流で駆動するか、方形波電流で駆動するかの分類である。ステッピングモータ（図ではSTMと略している）も、モータの種類としては同期モータの分類に入るので、オープンループという分類分けをした。

最後の分類は、同期モータのロータ形態によって分けている。

この図で示したものは、分類の一例を示したに過ぎないが、現在使用されているモータはこの中のいずれかに分類できると考えている。

なお、同期モータの名称は、特にわかりにくい。さまざまなモータ構成を説明するため、正確に表記すると非常に長いフランス料理のような名称になってしまうため、各用語の頭文字を組み合わせた名称が使われることがあるためである。

ブラシレスDCモータは、モータとしてはPM同期モータと同じ構造をしているが、回転動作のためのDCモータのブラシと整流子を、ロータの磁極検出器と半導体スイッチに置き換え、ブラシを使わなくしたということを強調する意味で使われている。

このように、新しい呼称が使われるのは、モータの機能を高めたことを強調するためだったり、使われる用途に合わせたりするためである。顕著な例が、第5章で解説するサーボモータやマイクロモータだと考えられる。サーボモータは、歴史的には、制御性の高い駆動が可能な高性能のDCモータを指していた。しかし、以降で解説するように、駆動技術の進歩により、現代では交流モータも優れたサーボ性能を持つようになっているので、モータを分類する際、サーボという分け方をできなくなった。

同様に、マイクロモータは産業上の統計を取るために使われた用語と考えることができ、出力3 W以下のDCモータをマイクロモータと呼んでいる。

Chapter 1 モータ概論

1.4 トルクと角速度

　物理学と工学にとって、力はもっとも基本的な量であり、一般の人も力に対して基礎的な知識があると考えられる。しかし、モーメントあるいは慣性については、感覚的に慣れ親しんでおらず、トルクはあまり理解されていない。回転の力ということぐらいは理解しているが、トルクと力の単位の違いはよくわかっていない。トルクが一般に使用されていない用語にもかかわらず、モータシステムを設計するためには理解しておかなければならない。

1.4.1 力

　加速と減速のように、スピードが変化する要因は力である。合成した力は、数学的に物体の質量と加速度ないし減速度を掛け算した値と等しくなる。

　例として、地上から物体を持ち上げて落下させた場合を考えよう。物体には、重力による力が作用することにより、動作が変化している。力の合力は、質量に重力加速度 $9.8\,\mathrm{m/s^2}$ を掛けた値に等しい。なお、重力の力は重さに比例する。

　アメリカでは重さはポンドで計測され、1ポンドは16オンスとなる。工学ではニュートンという単位が使われる。1Nとは、1kgの質量を1m/sの速度で動かす力である。1ポンドは4.45Nである。

　もう1つの力に対する基礎的な観点は、方向を持つことである。力の方向は時々刻々と変化していて、瞬時では直線方向を向いている。地上に落下する物体は重力が働く方向に沿って動作する。

1.4.2 トルク

　力と同様、トルクも対象の質量と比例する関係があり、加速と減速に関連する。力とは異なり、トルクは直線ではなく円周上に作用する。スクリューを回したりビンのキャップをねじったりするときにトルクが使われる。

　トルクを説明するには、図1.6に示す腕相撲がよい例だろう。腕相撲で相手に勝つためには、より大きなトルクを発揮すればいい。トルク差が大きくなればなるほど、相手の腕がテーブルに早く到達する。

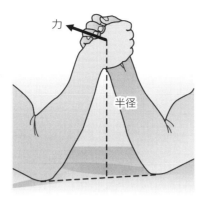

図1.6　腕相撲とトルク

1.4.3　角速度

　速度は対象物の動く速さを測定することであり、言い換えれば、与えられた時間でどれくらい速く移動させられるかの尺度である。角速度も同様であるが、与えられた時間でどの程度回転するかを測っている。SI単位系として、角度はラジアンで測定し、角速度はラジアン÷秒で測定される。しかし、モータでは慣用の単位として、角度は度（°）、角速度はRevolutions Per Minute (rpm) で計られる。モータの回転速度は、ωで表現され、次式のとおりとなる。

$$\omega = \left(\frac{12 \, \text{deg}}{\text{sec}}\right) \cdot \left(\frac{60 \, \text{sec}}{1 \, \text{min}}\right) \cdot \left(\frac{1 \, \text{rev}}{360 \, \text{deg}}\right) = \frac{2 \, \text{revs}}{\text{min}} = 2 \, \text{rpm}$$

　なお、トルクと角速度の関係を理解することが重要である。

> 訳注：回転速度は回転数とも慣用的に呼ばれており、慣用単位 [rpm] を使用した場合Nで、SI単位 [rad/sec] を使用した場合ωをシンボルとして用いるのが一般的である。

Chapter 1 モータ概論

1.5 モータの等価回路

DCモータを基本に考えると理解しやすいと思われるので、以降はDCモータを例にモータの基礎特性の考え方を説明する。なお、モータ特性を説明する際、慣用的に使われている単位系の回転数N[rpm]では、SI単位系で表現されるトルクやパワーについての係数を考慮する必要があるため、以降は、SI単位系を基本として説明していく。

モータ特性を考える際は、等価回路を基本にすると、制御をする際にもわかりやすいだろう。図1.7は、DCモータを最も簡単に電気回路で表現したものである。

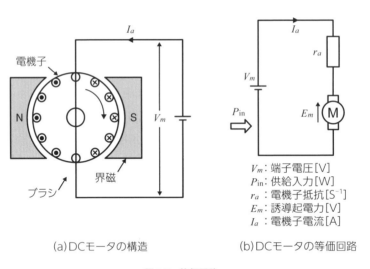

V_m：端子電圧[V]
P_{in}：供給入力[W]
r_a：電機子抵抗[S^{-1}]
E_m：誘導起電力[V]
I_a：電機子電流[A]

(a) DCモータの構造　　(b) DCモータの等価回路

図1.7　等価回路

図1.7 (a) のモータ構造においては、電機子が回転することで逆起電力E_mが発生し、E_mに向かって電流I_aが流れて電気機械エネルギー変換が行われる。なお、DCモータの電気回路では、図1.7 (b) のように、この逆起電力をDCモータのシンボルMで表記し、回路抵抗をr_aで表すことができる。この図を等価回路と呼ぶ。

界磁磁石を永久磁石で構成すれば、界磁によって発生するギャップの磁束密度は一定となる。電機子電圧をV[V]、電機子電流をI[A]、電機子抵抗をr[1/S]（慣用的にはΩが使われるが、SI単位系では1/Sとなる）とし、電機子が回転することによって、速度に比例して発生する電圧をE[V]とすると次の関係が成り立つ。Eの電圧は、回転することによって発生するため、

誘導起電力 (EMF)、あるいは逆起電力と呼ばれる。

$$V = rI + E$$

モータの回転速度を ω [rad/s] とした場合、単位回転速度あたりの起電力定数を K_E [V/s] とすると、回転数と電圧の関係は次式となる。

$$\omega = \frac{V - rI}{K_T}$$

また、トルク T [Nm] は、電機子電流 I [A] に比例するため、その比例定数を K_T [Nm/A] とすると、次式となる。

$$T = K_T I$$

SI単位系で表現すると、$K_E = K_T$ の関係があることがわかる。物理的には、作用反作用は等しくなることから、この関係は直感的に理解できるだろう。

ここで、モータは電気エネルギーを機械エネルギーに変換するデバイスであることに、若干触れておくことにしよう。モータが回転すると、電源電圧と逆方向に電圧が発生し、その逆方向の電圧に対して電機子電流が流れ込むことによって、電気からの機械エネルギー変換が起こる。また、電流と電圧はスカラー量のため、単純な掛け算として出力が計算できる。このときの出力 P_{out} [W] は次式となる。

$$P_{out} = E \times I$$

出力値は、誘導起電力 E と電機子電流 I の大きさで決定される。誘導起電力は界磁の大きさに依存するため、高性能の永久磁石を使うことが重要である。また、電機子電流は電機子巻線の温度により制限されるので、巻線の温度上昇をどの程度許すか、または防げるかで出力が決定されることになる。

電圧方程式の両辺に流れる電機子電流 I をかけると、入力と出力の関係式が導出できる。

$$VI = rI^2 + EI$$

左辺がモータへの入力を表し、右辺第一項が電流が流れることで発生する銅損を表し、第二項が出力を表している。逆に外部から機械的にモータを回転させた場合、電流が誘導起電力から流れ出す方向に流れ、電力がモータから電源に供給されることになり、発電動作となる。

Chapter 1 モータ概論

モータの効率 η [%] は出力／入力として表されるため以下の関係式が成り立つ。

$$\eta = \frac{P_{\text{OUT}}}{P_{\text{in}}} = \frac{P_{\text{in}} - P_{\text{loss}}}{P_{\text{in}}}$$

損失はこの場合、銅損だけだが、一般には磁気回路を構成する電磁鋼板の磁束が変化することで発生する鉄損と、回転することによる機械損が加わって損失を構成する。

DCモータの最高回転数は、印加する電圧で決定される。このことは、無負荷であっても電圧は平衡し、誘導起電圧以上の回転速度では電機子に電流を流すことができないことから理解できる。なお、発生するトルクは、電機子電圧で決定される。

DCモータの電圧をパラメータとした場合の負荷トルクに対する速度は、図1.8に示す直線で表すことができる。DCモータは電流とトルクが比例関係にあるため、特殊な条件下での駆動を除いてすべてスカラー積で表すことができる。つまり、大きさのみを制御することで、速度やトルクを制御できるという特質を持っている。

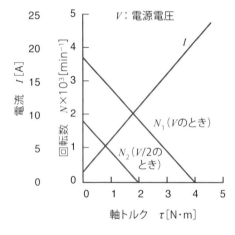

図1.8　DCモータの特性

1.6 まとめ

　モータを選定するためにまず考えることは、どのような機能をモータに要求するかであり、その際には出力とトルクが重要な要素となる。特にホビー用としては、電源がバッテリーであることを考慮すると、DCモータの利用が第一に考えられ、次に寿命を考えてブラシレスDCモータを使用するかということになろう。また、位置制御を要求するような用途では、サーボモータを選定することになる。

　産業用にモータを使用する場合は、動力用としての使用か、制御用の用途かによっても機種の選定に大きく影響し、また要求する出力によっても変わってくる。前者では誘導モータが第一に考えられ、後者では小容量の分野ではステッピングモータが、1 kW以上の出力を要求する用途では、サーボモータが選択される場合が多い。モータの特性は駆動するドライバによっても大きな影響を受けるため、機種ごとの性能をつかむためには、より詳細に解説される専門書を参考にされるとよい。

Chapter 2
DCモータ

Chapter 2 DCモータ

バッテリーや直流電源で動作する機械に使用するべきモータはDCモータである。原著では、DCモータとブラシレスDCモータをDCモータとして区別せず使用しているが、本書ではブラシ付きDCモータのみを解説することにする。

はじめに、モータを理解するうえで基本的な事項である、トルクと電流の関係と、速度と電圧の関係に注目し、この議論からDCモータの制御に話を進める。

2.1 DCモータの基本

ブラシ付きとブラシレスDCモータでは基本的な構造が異なり、駆動方法も違うものの、次の4つの共通した特性を持っている。

- トルクは近似的に電流と比例する
- 速度は近似的に電圧に比例する
- 電流制御では、電気的スイッチでモータにパワーを供給する
- 制御器はPWM信号によりモータ動作を管理する

2.1.1 トルク、電流、トルク定数 K_T

アンペールの法則により、供給電流と磁界による力の関係を知ることができる。このことは、ベクトルと代数学の複雑な方程式で表現されるが、簡単にまとめると、電流が大きくなるほどモータのトルクも大きくなるということである。

図2.1は、電流とトルクの関係をデジタルトルクメータで計測した結果である。DCモータでは、トルクと電流の関係はおおよそ直線で結ぶことができる。このことは電流とトルクの比が一定であることを意味している。この定数を K_T で表し、データシートではSI単位系としてNm/A、実用単位系としてkg cm/A、米国ではoz-in/ampで記載されている。

無負荷で駆動している場合、その電流は無負荷電流と呼ばれ、I_0 で表される。図2.1では0.24Aである。

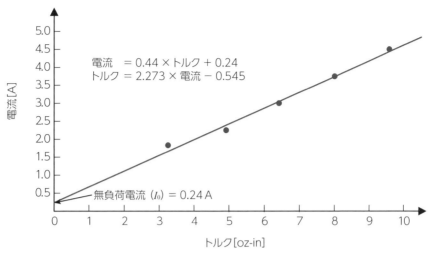

図2.1　DCモータのトルク電流特性

I_0 はモータを回転させることができる最小の電流であり、モータに I の電流を流した場合、発生するトルクは $K_T(I-I_0)$ となる。

 2.1.2　回転速度、電圧、誘導器電圧定数 K_V

モータトルクが電流とともに大きくなるように、回転速度は電圧とともに上昇する。角速度は ω で表し、rotation per min（rpm）の単位で表される。電圧に対するモータ速度を計測した結果を図2.2に示す。トルク電流のグラフと同様、電圧速度の関係も似ている。この定数は、モータ速度電圧比の関係として誘導起電力定数 K_V で表される。

Chapter 2　DCモータ

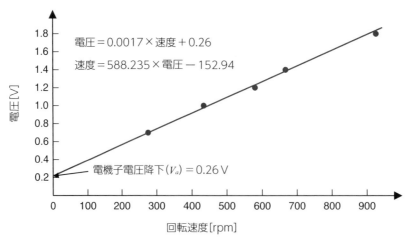

図2.2　DCモータの電圧速度特性

すべてのモータの電機子巻線は、巻線抵抗R_aを持っている。電圧を印加すると、その電圧により、電機子の巻線抵抗の電圧が降下するが、その電圧降下をV_aとする。図2.2では0.26 Vとなっている。もし全電圧Vが印加されたとすると、モータの速度は$K_V(V-V_a)$となる。モータの電流は$I-I_0$であるから$V_a=(I-I_0)R_a$となる。

2.1.3　スイッチング回路

モータを駆動するための回路をコントローラと呼ぶ。このコントローラは、現在では、集積回路によるシステムになっていて、特にマイクロコントローラや低電力プロセッサの実用化が進んでいる。これらのデバイスはmAの電力で駆動されるため、直接モータを駆動することはできず、スイッチを必要とする。

スイッチング素子

電子回路において、機械的スイッチは、ボタンを押すことで導通が始まるが、電気的スイッチも同様の働きをする。電気的スイッチでは、コントローラから微小な信号を入力することで導通する。

図2.3の左側の図は、機械的2端子スイッチのシンボルで、右側の図は、理想的に示した3端子の電気的スイッチである。3端子の電気的スイッチでは、入力電圧が特定の電圧より大きくなると、スイッチが閉じて2端子間が導通する。

図2.3　機械スイッチと電気スイッチ

例を挙げて、スイッチが使われる様子を説明する。3.3 Vのマイクロコントローラが DC モータをコントロールする場合を考える。この素子はモータを直接駆動することはできず、スイッチを通してモータを回転させたりストップさせたりする。図2.4にどのように動作するかを示した。

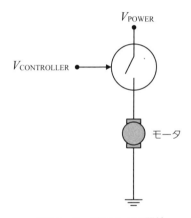

図2.4　モータとスイッチの関係

$V_{CONTROLLER}$ 電圧がゼロの場合、スイッチはオープンであり、電流は流れない。ゼロより大きい電圧とした場合、スイッチは閉じられて電流が導通し、モータは回転を始める。

スイッチとしてのトランジスタ

理想スイッチは現実には存在しないが、近似的にスイッチとして使えるものにトランジスタがある。実際に、最近のモータ回路ではFETやIGBTがスイッチとして使われている。

素子自体の名前は紛らわしいが、両者は、図2.4に示したようなスイッチとして同様の働きで使われている。図2.5は、両者のシンボルを示している。

Chapter 2 DCモータ

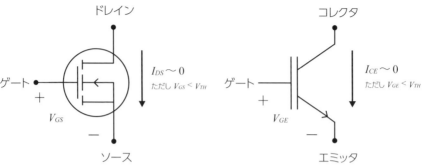

図2.5　FETとIGBTのシンボル

入力端子をゲートと呼ぶ。MOSFETでは電流の供給はドレインとソース間で行われ、IGBTでは電流端子はコレクタとエミッタとなる。理想スイッチでは、オフの場合の端子間の抵抗は無限大であり、オンの場合はゼロである。MOSFETやIGBTは、理想スイッチに近いものの、次のような側面を持つ。

- スイッチをオンにする場合、ゲート電圧と下の端子間の電圧はV_{TH}で表記される閾値より高い電圧を印加する必要がある。MOSFETでは0.5Vから1Vであり、IGBTでは2Vから8Vの間に閾値がある
- ゲートがオフにされていた場合の端子間に流れる電流はほぼゼロである。ゲートをオンにしている場合、端子間のオン抵抗はゼロに近いが完全にゼロではない。MOSFETのオン抵抗は0.03Ω程度であり、IGBTは一定の値ではないものの、MOSFETよりは小さい

両者とも同じ目的で使用されるが、次のような違いがある。MOSFETは、スイッチング速度を速くすることができて、比較的安価である。小〜中容量のモータの駆動に使われる。一方IGBTは大容量の電流で動作し電力損失が小さいという特徴があり、大容量のモータ駆動に向いている。実際の使用に際しては、データシートから適した回路を確認する必要がある。本書では、小容量のモータを取り扱うのでMOSFETのみ説明する。

2.1.4　パルス幅変調

モータの電圧を与えるか与えないかは、スイッチのオン／オフで行える。しかし、定格の75%のスピードでモータを回転させる場合はどうしたらよいだろうか。またモータをゆっくりと加速させたい場合はどうだろう。スイッチではどうすることもできない。

スイッチではなく、正確に管理した時間間隔でコントローラからパルスを出力してスイッチをオン／オフすればモータの動作を管理できる。このパルスの出力は、パルス幅変調またはPWMと呼ばれる。

基礎となるPWMのコンセプトは簡単である。コントローラは、スイッチのゲートに一連のパルスを送達する。これらのパルスがスイッチを開閉することで、電流が供給される。パルス幅により流れる電流が可変され、パルス幅を広げれば、それだけモータ回転速度は高くなる。図2.6にPWMパルスの出力を示す。図中のTは、パルス間隔の時間である。この時間は、基準時間となる。コントローラでは、PWM周波数として$1/T$を設定する。tはコントローラからハイレベル（オン時間）を出力している時間である。パルス幅と基準時間の比をデューティーサイクルと呼ぶ。

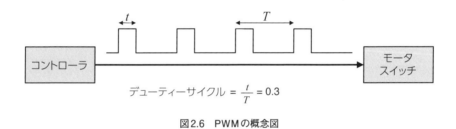

図2.6　PWMの概念図

デューティーサイクルを0.4とした場合、$t = 2\,\mathrm{ms} \times 0.4 = 0.8\,\mathrm{ms}$ がオン時間となる。
最適にPWM周波数を選ぶためには、以下の2点を考慮する必要がある。

- 周波数が低すぎると、モータに届く電力が上昇／下降するため、回転が粗くぎくしゃくしたものになる
- 周波数が高すぎると、パルスが狭すぎて開閉がうまくできなくなり、さらに電磁石が熱を発生してモータの効率が落ちる

2.2　ブラシ付きDCモータの原理

一般的なモータ理論から離れて、実際のモータについて考える。ブラシ付きDCモータが、モータについて学習を始めるに相応しいと考えられる。このモータの内部構造は単純であり、制御も容易である。

Chapter 2 DCモータ

2.2.1 機械的整流

すべてのモータは、電機子と界磁という2つのパーツから構成される。そして電流の方向が変化しなければならないことに注意を要する。もし電流の方向が変化しないとすると、モータは完全に1回転することができない。

DCモータは直流を印加しているので、電流が変化するということは奇異に感じるかもしれない。このことを明確にするために、図2.7に示すように、2つの磁石間に電流を流す導体でループを構成したモデルを考える。導体の向きは場合により変化するが、電流は同一である。

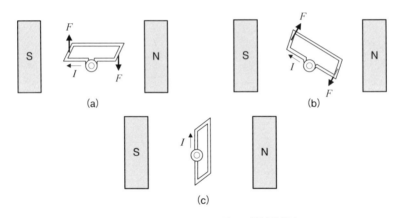

図2.7　磁界中を回転する電機子の機械的整流

矢印Fは、導体に働く力を示している。力は、導体の方向（角度として水平と垂直）、電流の方向、界磁の方向の3つの方向に依存する。

図2.7(a)は導体が水平である。電流は左から入り右に抜ける。胴体の位置と電流の方向から2つの力が働き、左側の導体は上方向に、右側は下方向に働く。結果として時計方向に回転する。

図2.7(b)は、導体が任意の位置にある場合を示している。2つの力の方向は違うが、時計周りに回転するのは同じである。

図2.7(c)は、導体が垂直の位置にある場合である。力の和がゼロとなるため回転を持続することができない。これは、モータとして生じてはいけない不安定な状態を意味している。

1832年に、ヒポライト・ピクシーは交流発電機の原型となる手回し発電機（ダイナモ）を発明し、その後アンドレ＝マリ・アンペールの助言により、交流を直流に機械的に変換する機構

を開発した。彼は、半回転するごとに電流の方向が反転する金属片を電機子に取り付けた。この機構により、力が同一方向に働き、電機子が回転を持続できるようになった。この電流の変換機構を整流と呼ぶ。

この原理を利用した実用的なモータは、イェドリク・アーニョシュが開発した「Jedlik's self-rotor」と呼ばれるブラシ付きDCモータである。

2.2.2 利点と欠点

ブラシ付きDCモータは、19世紀以来、パフォーマンスと信頼性が向上したが、重大な欠点が残っている。

第一の欠点は、ブラシが高速でロータと接触するため、摩擦によって時間が経つとブラシが侵食されることだ。数か月または数年を要するかもしれないが、最終的には、すべてのブラシ付きDCモータが機能し続けるためには、メンテナンスが必要となる。

第二の欠点は、ブラシ付きDCモータは、ロータと一緒に整流子を回転させるということだ。これにより、モータに追加の負荷がかかり、効率が低下する。

これらの欠点にもかかわらず、ブラシ付きDCモータは製造され続け、現在も大量に販売されている。その理由はコストとシンプルさである。ブラシ付きDCモータは、ブラシレスモータよりも機構が簡単で、製造コストも安価だ。また、ブラシレスモータよりも制御しやすいため、回路設計の費用対効果も高い。プロジェクトの目的が経費削減ならば、モータの長期信頼性は重要な要素ではないので、ブラシ付きDCモータを検討する必要がある。

2.2.3 駆動回路

ブラシ付きDCモータは、動作原理が理解しやすいため、駆動についてもわかりやすい。ここでは、次の2種類の駆動回路を紹介する。

- **一方向駆動**
  モータの回転が単一方向だけであれば、トランジスタを使って簡単に回路構成が可能
- **正逆方向駆動**
  モータの方向を変更する必要がある場合は、Hブリッジ回路を追加する

以降、それぞれの種類での基本回路を示し、その動作に必要なコンポーネントについて説明する。

Chapter 2 DCモータ

一方向駆動

単一方向にのみ駆動する場合、回路構成はもっとも簡単なものとなる。モータ電流をオン／オフして、回転を制御することが最終の目的である。「2.1.4　パルス幅変調」ではMOSFETをスイッチとして使い、PWMパルスで駆動する方法を解説した。

図2.8は基本回路を示している。この回路において電源電圧Vが供給され、コントローラから$V_{CONTROLLER}$がゲート回路に入力される。

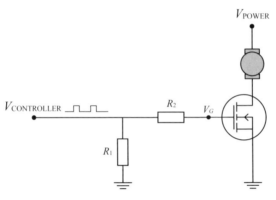

図2.8　DCモータの一方向駆動回路

正逆方向駆動

上記の回路は一方向にしか回転できない。逆転を可能とするためには、モータに逆向きの電流を流す回路が必要になる。そのため、駆動回路に、正方向に電流を流す経路と逆方向に流す経路を作り、電流をオン／オフできるようにする。

これらの要求を満足するには、Hブリッジ構成の回路とすればいい。Hブリッジは4つのスイッチング素子で構成され、それぞれが独立してスイッチングできるようになっている。その回路を図2.9 (a) に示す。

なお、Hブリッジのスイッチングの組み合わせはさまざまだが、次に示す3種類がもっとも重要である。

- S_0とS_3が閉じていて、S_2とS_1が開いている

  電流は、モータを左から右へ流れる（図2.9 (b) に示す）。

- S_2とS_1が閉じていて、S_0とS_3が開いている

  電流は、モータを右から左へ流れる（図2.9 (c) に示す）。

● S_0とS_2が開いている

モータは動作しない。

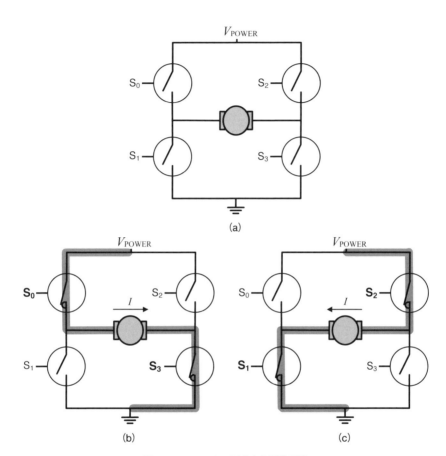

図2.9　DCモータの正逆方向駆動回路

Chapter 2 DCモータ

2.3 まとめ

　DCモータは、ロボット、電気自動車の補器、3Dプリンタなどに広く使われ、読者にとってはなじみの深いモータである。すべてのDCモータは、電機子が確実に回転するように入力電流の方向を切り替える必要があり、このスイッチングを整流と呼んでいる。ブラシ付きモータは、ブラシと整流子により機械的整流を行っている。DCモータの制御は直流の電圧をPWMにより制御するだけで、簡単に行える。

Chapter 3
ブラシレスDCモータ

Chapter 3 ブラシレスDCモータ

　20世紀は、半導体や電子回路部品など電子工学分野に革新的進歩をもたらした。これらのICを応用することで、以前では望むべくもなかった複雑な回路を実現できるようになった。

　複雑な回路構成が可能となるに伴い、モータ設計にも同様の現象が現れた。1962年、T.G.ウィルソンおよびP.H.トリッキーは、機械転流の代わりに電気転流を使用する新しいタイプのモータを考案した。この新しいモータは、一定の直流電力で動力を供給されるのではなく、その代わりに時系列のDC電流パルスで駆動する。この新しいモータはブラシレスDCモータ、あるいはBLDCと呼ばれる。

3.1　ブラシレスDCモータの構造

　ブラシレスDCモータはブラシ付きモータと比較すると、機械的接触部分を持つ整流機構を持たない複雑な構造となっており、より信頼性と効率が向上している。図3.1に構造を示す。

　電機子は、回転子側ではなく、固定子側に配置される。電機子巻線は多相で構成される。

　図に示したように、ブラシレスDCモータの構造はブラシ付きモータと根本的に異なる。多相電流を供給する巻線があり、ロータではなくステータに配置されている。巻線は鉄心に巻かれており、電機子巻線と呼ぶ。

図3.1　ブラシレスDCモータの構造
（オリエンタルモーター株式会社 提供）

ブラシレスDCモータは、コントローラが正と負の電流を順序立てて複数の巻線に供給することで動作している。この電流に従いロータが追従して回転する。ロータはドッグレースの機械仕掛けのウサギを追い掛け回すグレイハウンドのように回転する。

以降の節では、ブラシレスDCモータの巻線、磁石、始動／停止の構成について詳細に解説する。

3.1.1　ブラシレスDCモータの制御

ブラシレスDCモータには、電力をパルスとして供給する。相数により入力数が決まるが、一般的に三相が使われる。

ブラシレスDCモータを駆動させるためには、ロータが的確な位置にあるときに電流を供給するように励磁されなければならない。ロータの位置を特定するため、大部分のブラシレスDCモータの回路（BLDC回路）は、モータの回転を逆起電力から測るか、モータに装着されたセンサによりロータ位置を読み取るかのどちらかの方法が使われる。

制御信号とインバータ

3相ブラシレスDCモータは巻線に電流を供給する3つの入力端子を持っている。いかなる時間でも、1つの端子はハイ（V＋）に、他方の1つの端子はロー（V－）に接続される。最後の1つはフローティグ（無接続）されている。これらの入力をA、B、Cと呼ぶことにする。図3.2は、タイミングごとに信号が変わるかどうかを示したものである。

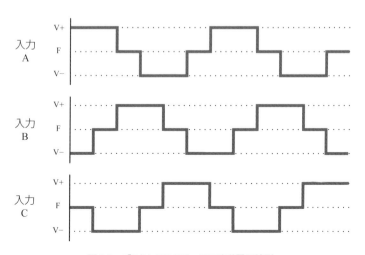

図3.2　ブラシレスDCモータの励磁電圧波形

Chapter 3 ブラシレスDCモータ

3相ブラシレスDCモータに対して6つの独立した励磁状態を繰り返している。コントローラが巻線に対して励磁を繰り返すことで、ロータは360°回転する。それゆえ、それぞれの励磁パターンは、関係する6つのうちの1つに対応するため60°となる。

コントローラからより大きな電流で励磁すると、モータは回転力としてより大きなトルクを発生する。パルスのタイミングが反転すると、モータは反対方向に回転する。そのため、ブラシレスDCモータの制御回路ではHブリッジ構成とする必要がない。

ブラシレスDCモータは、電圧形インバータと呼ばれる特別なスイッチングを通して電力が供給される。図3.3にMOSFETを素子とするインバータの回路図を示す。この回路は6つの入力（＋A，－A，＋B，－B，＋C，－C）を持ち、コントローラにつながれている。2つのペアゲートから巻線に電流が供給される。

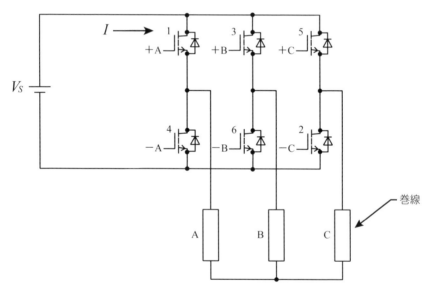

図3.3　ブラシレスDCモータの駆動回路

もし＋側のゲートがハイになると上側MOSFETから電圧が対応する巻線と接続される。逆に－側のゲートが入力された場合は、負側の電圧に接続される。

センサ制御

励磁をするために、コントローラはロータの回転位置を知る必要がある。モータには、ロータ位置を特定し、さらに速度も検出するためのセンサが組み込まれている。このことをセンサ付き制御と呼ぶ。それに対して、センサがない場合をセンサレス制御と呼ぶ。

モータの回転センサには、光学式や磁気式エンコーダ、磁場によるレゾルバがあるが、通常のブラシレスDCモータではホール素子が使われる。

磁場中のホール素子に電流を流すと、電流方向と直交する方向に電圧が発生する。これはホール効果といわれるものだが、その電圧はホール電圧 V_H と呼ばれ、電流と磁界の強さの積が電圧となる。

ブラシレスDCモータがホール素子を持っている場合は、ホール電圧を読むためにコントローラと接続する線が必要である。この情報により、コントローラはロータの回転位置を知ることができる。

センサ付き制御は駆動が簡単であり、センサレス制御より信頼性が高いため、容量の大きな分野で使用される。

センサレス制御

モータが回転している場合、逆起電力と呼ばれる電圧が発生する。3相ブラシレスDCモータのそれぞれの巻き線は、逆起電力を発生しているため、これらの三相電圧を検出することで、ロータの回転を知ることができる。

このことは重要な問題を提起している。もしセンサレスでコントロールするとして、逆起電力をどのように検出すればいいのだろうか。その答えは簡単であり、あらゆる時間で、ブラシレスDCモータの2相に電圧が（片方は正、もう一方は負）印加されており、残りの相は電位が独立した（浮いた）状態になっているため、コントローラは、この浮いた状態の相の電圧を測ればよい。

たとえば、A相がV＋に、B相がV－、C相が浮いているとすると、コントローラはC相の電圧を読めばよいのである。

ブラシレスDCモータの逆起電力波形は、ほぼ同一の形状をしている。図3.4に、B相の電圧波形を入力電流波形とともに示す。

Chapter 3 ブラシレスDCモータ

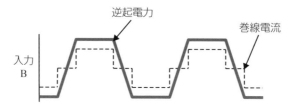

図3.4 巻線電流と逆起電力の関係

　逆起電力はモータの速度に比例するので、逆起電力を測定するためには、モータがすでに回転していることが必要となる。そのため、コントローラは、巻線が十分に電圧検出できるレベルまでモータを回転させなければならない。

　この仕組みはわかりにくいと思うので、センサレスの駆動の段階を以下にまとめておく。

① コントローラは、モータを始動するために電流を流す
② コントローラは、モータの回転を検出できるまで、逆起電力をモニターする
③ コントローラがロータの回転を検出できた後は、この情報をもとにモータの巻線に対して、回転と同期した電流で駆動させる

　最も標準的な方法は、逆起電力がゼロ電圧を横切る時の位置を計算することである。この操作をゼロクロス検出と呼ぶ。

3.2 電子速度制御（ESC）

　多くの設計者は、新たにコントローラを設計するのではなく、電子速度制御（ESC）システムと呼ばれる汎用回路を使う。ブラシ付きDCモータ用のESCシステムもあるが、ブラシレスDCモータの回路のほうが複雑であるため、大部分のESCシステムはブラシレスDCモータ用に作られている。

　ブラシレスDCモータ用ESCシステムには、センサ付きとセンサレスの2種類がある。図3.5は、センサレスのブラシレスDCモータ用のESCシステムの例である。

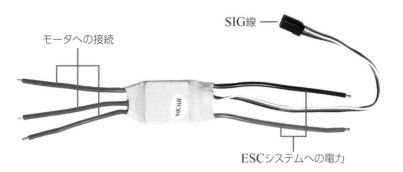

図3.5 センサレスのブラシレスDCモータ用のESCシステムの外観

たいていのESCシステムには、次の用途のための三本の線がある。

- 3本の線がモータと接続されてパワーを供給する
- 2本の線で電源からESCシステムへ電力を供給する
- 3本の線が無線通信を通してコントローラと接続され、SIGと呼ばれる線にモータを駆動するためのPWM信号が入力される

実際にESCシステムを選択するときは、仕様を読むことが重要であるため、以下にセンサレスブラシレスDCモータを制御するためのESCシステムの電気的特性を示す。

- 入力コネクタ　：裸線
- 最大電流　　　：25 [A]
- 入力電圧　　　：Ni-Cd/Ni-MH 7.2〜14.14 [V]、Li-Po 7.4〜11.1 [V]
- 自動カットオフ：プログラミング可能
- ブレーキ　　　：プログラミング可能
- BEC電圧　　　：デュアルBEC回路

Chapter 3 ブラシレスDCモータ

3.3 まとめ

　ブラシレスDCモータまたはBLDCは、扱いがDCモータのように容易ではない。ほとんどのBLDCの場合、モータには3本の巻線の出力がある。このタイプのBLDCは三相モータと呼ばれ、その速度は巻線にどれだけの高速の周波数が入力されるか、または入力電圧に依存する。BLDCモータの構造は、ロータがステータの内側にあるインナーロータ形と、外側にあるアウターロータ形がある。BLDCモータの駆動には、ロータの回転位置により励磁を制御する必要があり、ホール素子によるセンサを用いるものと、モータの回転による逆起電力を使用してセンサレスで駆動する方法がある。

Chapter 4
ステッピングモータ

Chapter 4　ステッピングモータ

ステッピングモータは、固定子コイルに直流電流を流し、そこに生じる電磁力で回転子を吸引してトルクを発生する仕組みになっている。電流を流す固定子コイルを順次切り替えることにより、構造によって決まる角度ずつ回転するため、ステップ状に回転することになる。このときの回転角をステップ角といい、1°以下の精密なものから数度以上のものまで各種作られている。

ステッピングモータはステップモータともいわれ、制御機器として広く利用されている。

4.1　種類と構造

ステッピングモータは、これまで説明してきた永久磁石モータなどと同様、図4.1に示すように、駆動回路とモータが一体となってはじめて駆動するようになっている。永久磁石モータなどとの違いは、指示量としてパルス信号が使われることで、位置情報を指示量としているところである。

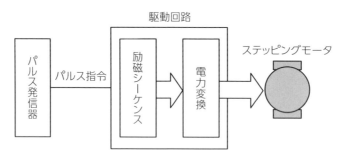

図4.1　ステッピングモータの制御ブロック

パルスが入力されるごとに定められた順序でコイルが励磁され、ある決まった角度 θ_S（この角度をステップ角と呼ぶ）回転して静止する。したがって回転角は、入力するパルス数に比例し、回転角速度はパルス周波数に比例する。パルスというデジタル量によるオープンループで制御できるため、位置決め用モータとして、コンピュータ周辺装置など小容量の分野で大量に使われている。

種類は大きく分けて、Variable reluctance形（以降、VR形）、Permanent magnet形（以降、PM形）、Hybrid形（以降、HB形）がある。

4.1.1　VR形ステッピングモータ

VR形ステッピングモータは、図4.2に示すようにケイ素鋼板や電磁軟鉄のみで、ステータとロータが突極構造を持つように作られている。ステーターロータ間に働く磁気吸引力により、位置を保持し、トルクを発生させている。突極性に基づくギャップの磁気抵抗の変化によりトルクを発生させるため、バリアブル（可変）リラクタンス形と呼ばれている。容量が大きく回転数も高いモータとして、閉ループを組んだ駆動方式が実用化されていて、これが第1章で言及したスイッチトリラクタンスモータである。

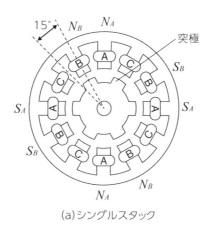

(a) シングルスタック

図4.2　VR型ステッピングモータの構造

4.1.2　PM形ステッピングモータ

PM形ステッピングモータは、ロータが多極に着磁された永久磁石によって構成され、永久磁石がギャップと対向した構造をしている。VR形のロータを着磁された永久磁石に置き換えても構成できるのだが、多極構造のステータを構成するため、図4.3に示すような構造が一般使用の大半を占めている。ステータは、軸方向に相を構成するマルチスタック構造となっている。1つの相は、ソレノイド状（らせん状）に巻かれた巻線を包み込むように、電磁鋼板によりフレーム、ヨーク、くし歯状の磁極を一体にプレス加工した鉄心により形成されている。この磁極はその形からクローポールと呼ばれ、1相のクローポールの数で極数が決定され、ロータの着磁極数もステータのクローポール数となっている。

Chapter 4　ステッピングモータ

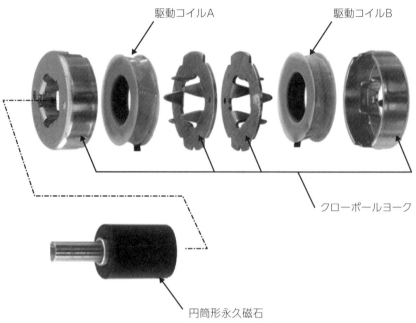

図4.3　PM形ステッピングモータの構造

4.1.3　HB形ステッピングモータ

　HB形ステッピングモータの代表的構造を図4.4に示す。ステータ、ロータとも小さな歯を持つことに特徴があり、この歯のことを誘導子と呼んでいる。ステータには、各磁極に集中して巻線が施され、磁極表面に誘導子が設けられ磁極が構成されている。つまり、誘導子を設けることで、ステータ磁極数を増やすことができるのが長所となっている。ロータは、ステータ誘導子と同ピッチの誘導子を設けた電磁鋼板を積層するか、または塊状鉄心が永久磁石を挟んで2組でロータを構成し、ロータ1とロータ2は誘導子1歯だけピッチをずらして構成されている。鉄心と永久磁石をロータに持つことから、VR形とPM形ロータ構造の特徴を合わせ持つという意味で、HB形と呼ばれている。

4.2 動作原理とステップ角

図4.4　ハイブリッドステッピングモータの構造

4.2　動作原理とステップ角

　2相HB形ステッピングモータを例にして、動作原理からステップ角について解説する。図4.5にHB形の構造を直線状に展開したモデルを示す。なお、ステータは1つの相を1つの誘導子で代表し、ロータはロータ1側をS極、ロータ2側をN極として表している。バーが付いた相は、付いていない相と異極 (N極だったとするとバーが付いている極がS極となる) になることを示すものとする。

39

Chapter 4 ステッピングモータ

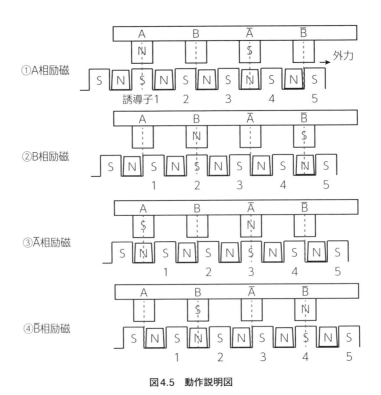

図4.5 動作説明図

　各相は、歯ピッチが1周期を4等分するように配置されている。A相を励磁した場合、ステータ磁極AはN極に、$\overline{A}$はS極になることから、ロータ前側と後側の誘導子S極N極が、それぞれ対抗する「①A相励磁」の位置で静止する。ここで矢印の方向に外力を加えた場合、静止位置に戻ろうとする力が働き、なお変位させた場合、ステータとロータが同極になる位置で再びトルクがゼロとなる。さらに変位を続けると、隣の誘導子2のS極と引き合い、1と同じ状態となって誘導子2がA相と対向して静止する。このことは、誘導子1歯ピッチで電気的に一周期を構成していることを示している。このとき、トルクを基本波で表現すると、ロータの歯数Z_r、機械角での角変位θ_m[°]、トルク定数の最大値K_T[Nm/A]とすると、1相電流をI[A]として、次式で表される。

$$T = -K_T I \sin(Z_r \theta_m) \,[\text{A}]$$

B相を励磁すると、「①A相励磁」の状態から誘導子2がB相と引き合って「②B相励磁」の状態となり、1/4歯ピッチ歩進して静止する。これが、1ステップ角である。順次励磁を切り替えることにより、③と④の状態に歩進を続け、連続回転することになる。ステップ角は、ロータ歯数で1周期に細分化され、その1周期をさらに相数で分割したものが1ステップ角となっている。

一般にロータの歯数をZ_r、モータ相数をmとすると、HB形ステッピングモータのステップ角は次式で表される。

$$\theta_s = \frac{360}{2Z_r m} \; [°]$$

Z_rを50、相数を2とすると、θ_sは1.8°となり、微小なステップ角が実現できることがわかる。
PM形ステッピングモータは、図4.3で示したロータ構造においてロータ1とロータ2で磁極を構成するのではなく、周方向にNSと磁極が構成されていると考える。そのステップ角は、$2Z_r$が磁極数となるからロータ磁極数をZ_p、モータ相数をmとして次式で表される。つまりHB形のロータ歯数は、PM形では極対数に相当すると考えればよいことになる。

$$\theta_s = \frac{360}{Z_p m} \; [°]$$

VR形ステッピングモータは、ステータ1相の励磁をN極にしてもS極にしても同じロータが引き合うことから、そのステップ角は次式で表される。

$$\theta_s = \frac{360}{N_r m} \; [°]$$

Chapter 4 ステッピングモータ

4.3 制御方式と運転特性

図4.6は、最も基本的なステッピングモータの駆動回路をブロック図で示したものである。

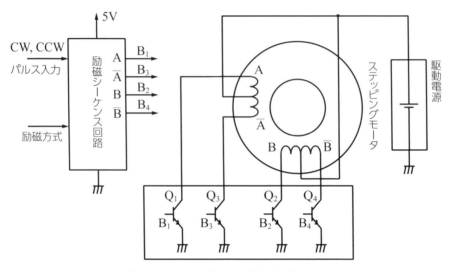

図4.6　ステッピングモータの駆動回路ブロック

永久磁石を使用するPM形やHB形では、巻線に流す電流の方向を正負に交番させる必要があり、スイッチング素子の数を減らすため、同一磁極に巻方向を逆にする2つの巻線を施したバイファイラ巻きと呼ばれる巻線方式が取られている。どのトランジスタをオンにするかで励磁相が決まるのだが、その順序を決定しているのが励磁シーケンス回路である。ロータの位置とは無関係に、パルスが入力されるたびに励磁相が切り替わるオープンループ制御となっている。

トルクが変位に対して正弦波状に分布するとして、変位θを電気角表現し、A相を励磁した静止位置を$\theta=0$とすると、B相-$\overline{\text{A}}$相-$\overline{\text{B}}$相はそれぞれ$\pi/2$の位相差を持つ。各相が励磁されたときに発生するトルクを、その大きさと静止する位置で表現すると、図4.7のトルクベクトル図で表現できる。A相を励磁した場合は、$\theta=0$の位置で静止し、ホールディングトルクは矢印の大きさで示されると解釈される。CW方向に回転させたいならば、トランジスタ$Q_1 \to Q_2 \to Q_3$と順次オンすることで、A→B→$\overline{\text{A}}$とベクトルが回転していくことになる。この励磁法は、1相ずつ励磁することから、1相励磁方式と呼ばれ、その励磁シーケンスを図4.8に示す。

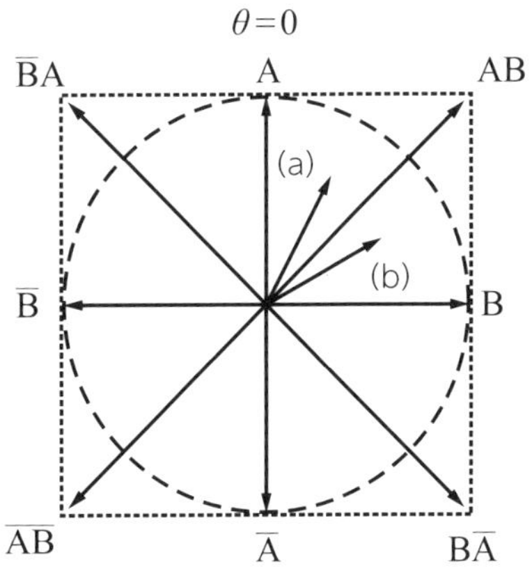

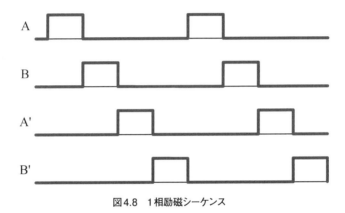

図4.7 トルクベクトル図

図4.8 1相励磁シーケンス

　Q_1とQ_2を同時にオンにし、A相B相を同時に励磁した場合、AベクトルとBベクトルの和ABベクトルは静止位置となり、A相より$\pi/4$進んだ位置で静止する。その最大トルクは、1相励磁の場合と比較して$\sqrt{2}$倍となる。2相ずつ励磁することから2相励磁方式と呼ばれその励磁シーケンスを図4.9に示す。

　1相励磁と2相励磁で$1/2\theta_s$の位相差を持つことに注目し、A相からAB2相に励磁を切り替えた場合、基本ステップ角の1/2のステップ角を実現できる。これは、1-2相励磁方式、あるいはハーフステップ駆動と呼ばれ、その励磁シーケンスを図4.10に示す。

Chapter 4 ステッピングモータ

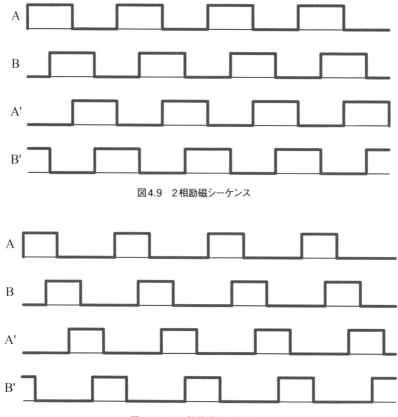

図4.9　2相励磁シーケンス

図4.10　1-2相励磁シーケンス

　励磁コイルには、方形状の電流を流すことを前提にしたが、実際は、コイルのインダクタンスのため励磁電流は方形状に変化しない。

　パルスの周波数が低いときはその影響が小さいが、周波数が高くなるに従って電流の平均値が小さくなってしまう。そのため、パルス周波数が高くなるにつれて発生トルクも小さくなる。高速運転を目的とした駆動システムでは、パルス周波数に応じた電力制御が必要となり、そのためのさまざまな回路が実用化されている。なお、原理的には、これまで説明したPAM制御やPWM制御が行われている。

4.3.1 マイクロステップ駆動

可能な限りスムーズにステッピングモータを駆動するために行われるのがマイクロステップ駆動である。この手法は励磁するパルス間隔を分割して段階的に電流を制御する方法で、その分割数は、通常8、64から256分割までである。もしパルスが256分割だとすると、1.8°のステップ角のモータは1パルス入力されると1.8/256＝0.007°のステップとなる。

このモードでの駆動の電流指令は正弦波状となり、図4.11にその励磁電流波形を示す。

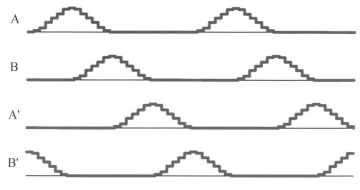

図4.11　マイクロステップ駆動の励磁電流波形

4.4　まとめ

この章は次の3つの事柄を概説した。

ステッピングモータの概要、主なステッピングモータの原理、回路によるステッピングモータの制御方法である。ステッピングモータは、正確な角度（ステップ角）で回転し、停止するように設計されたモータである。ステッピングモータでは、トルクが速度よりも重要とされ、ロータの位置を保持するために発生する最大のトルクをホールディングトルクと呼んでいる。

ステッピングモータの制御は、駆動回路にパルスを入力することで励磁を切り替えていくことで回転する。パルスごとに決まった順序で励磁シーケンスをとることで位置決めをしながら回転する。その励磁方法には1相励磁、2相励磁、1-2相励磁などいろいろあることを解説した。

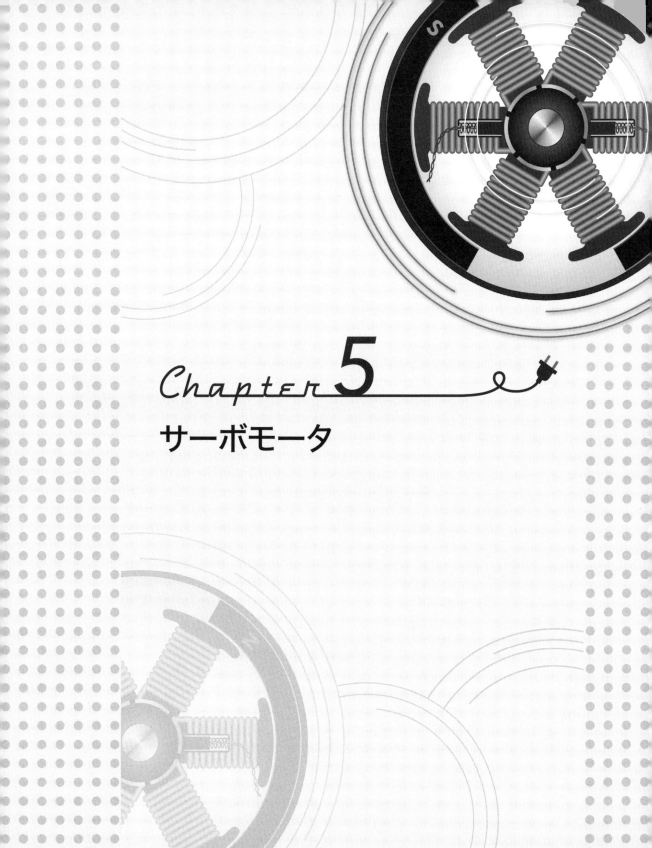

Chapter 5
サーボモータ

Chapter 5 サーボモータ

　本章で、モーションコントロールに使用される第2のモータであるサーボモータについて解説する。ステッピングモータが回転／停止の動作をするのに対し、サーボは連続的に回転する。的確に制御されたサーボモータはステッピングモータができること以上の性能を発揮する。

　サーボモータの制御は、ステッピングモータと比較し複雑で、速度や位置を制御するためには、モータからの情報をフィードバックし目的の動作をするように制御器を設計し、さらにその指令に見合うトルクを出力するようにモータの電流を制御しなければならない。

　原著ではサーボモータの制御について具体的なことが記述されていなかったため、興味のある読者のために、基本的なサーボ制御について付け加えることとした。そこでは、模型用に使用されるサーボの制御法について述べるが、この制御には、サーボとしての制御がすべて構成された形でシステムができあがっていることを理解してほしい。

5.1　サーボとは

　サーボという言葉は、主人の命令に対し、その命令を忠実に実行する召使を意味するservantから取られた言葉といわれる。メカトロニクスの分野では、「物体の位置、方位、姿勢などを制御量として、目標値の任意の変化に追従するように構成された制御系」をサーボ機構と定義している。このサーボ機構に使われるモータは、一般にサーボモータと呼ばれる。指令に追従することがサーボ機構の特徴なので、サーボモータは瞬時に応答できる性能を持ったものが必要である。

　ドライブ技術が未発達であった時代には、DCモータとドライブの組み合わせをサーボと呼んでいた。しかし現在では、DCモータでもACモータでも、これらを自由に制御できるドライバと組み合わせることでサーボ機構として使えるようになっているため、DCサーボやACサーボという呼ばれ方になった。なお、サーボ機構に使われるドライバのことを、サーボアンプと呼ぶ場合がある。

　なお、サーボ機構には、前章で解説したステッピングモータも使われている。しかし、ステッピングモータはオープンループ駆動なので、サーボモータと呼ばれることはない。サーボという言葉には、図5.1で示すように、モータの状態を検出し指令値と比較する閉ループ制御を構成するという意味が込められていると考えられる。

5.1 サーボとは

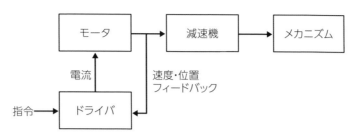

図5.1　サーボモータの制御ブロック図

　閉ループの組み方として図5.1に示した方法は、モータの出力軸の動作をフィードバックして制御する方法で、セミクローズドループと呼ばれている。サーボ機構は、モータ出力軸にギアなどの減速機構を介し、ボールネジなどのメカニズムを介して動作を作り出している。セミクローズドループでは、モータ軸の情報のみのフィードバックとなっているので、ギアのバックラッシュなどのガタや摩擦、ねじれなどに対して対応することができない。精密な制御性能を実現する方法としては、図5.2に示すような、メカニズムの先端の情報をフィードバックするフルクローズドループがある。この方式が理想のサーボ機構だが、この方法ではメカニズムの先端にも各種センサを取り付ける必要があるため、特別の用途を除いて、セミクローズドループでサーボ機構が構成されている。

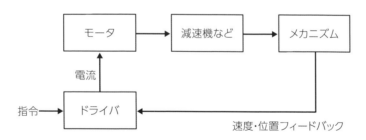

図5.2　フルクローズドループの制御ブロック図

Chapter 5 サーボモータ

5.2 サーボモータのドライブ

　一般にサーボドライブの基本構成は、モータと位置検出器（光学式のロータリエンコーダがサーボモータの回転センサとして使われている）とサーボアンプから構成される。サーボアンプは、モータへの電力を供給する電力変換部、モータが発生するトルクを制御するトルク変換部、モータ動作を制御する速度制御部と位置制御部から構成される。これらをまとめてブロック図で示したものが図5.3である。トルクを制御するブロックまでは、電力変換部を含めモータの種類によって構成が異なる。

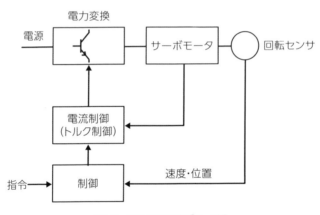

図5.3　電力変換駆動ブロック図

　DCモータの電力変換の主回路は、図5.4で示すようにHブリッジで構成される。使用される素子としては、バイポーラトランジスタやMOSFET、IGBTなどがある。この図にあるQ_1とQ_4とをオンにすると、電流は矢印の方向に流れ、モータはCW（clockwise：時計回り）方向に回転する。逆にQ_3とQ_2とをオンにすると、電流方向は逆転し、モータがCCW（counterclockwise：反時計回り）方向に回転できるようになる。

5.2 サーボモータのドライブ

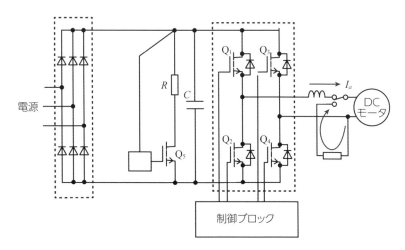

図5.4　DCモータの駆動ブロック図

　DCモータのトルクは、第2章で説明したように、電機子電流に比例するため、トルク定数をK_Tとすると次式のようになる。

$$T = K_T I$$

　電流の制御は、図5.5に示すような回路により、PWM制御が行われる。これは、キャリア周波数f_sの三角波と指令電圧を比較することで、モータの電力を制御できる回路となっている。この指令電圧は、トルク指令である電流と、モータに流れる電流が一致するように作られている。このループを電流フィードバックと呼ぶ。

　モータに発生する電圧が、モータに印加する電圧より高い場合は、例えばCW回転をしているとすると、Q_1とQ_4のダイオードを通してコンデンサに電流を回生するループを構成し、発電動作となる。総合的なパワーの方向によって、モータ動作にも発電機動作にも、図5.5の主回路構成により対応することが可能となる。

Chapter 5 サーボモータ

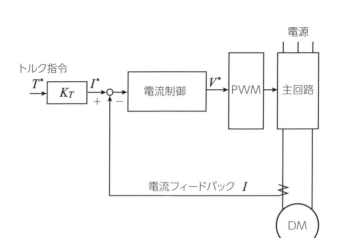

図5.5 電流制御ブロック図

　モータを減速する場合や負荷から回される場合には発電機動作となり、電力がモータから直流側に回生されるが、回生エネルギーが直流側の電圧を上昇させる危険性がある。これを避けるために、Q_5と抵抗Rを設置する場合がある。コンデンサ両端の直流電圧が規定値以上になったらQ_5をオンにして、抵抗Rに回生エネルギーを消費させることができる。このような回路は、急減速をする用途には必要不可欠なものである。

5.3 速度、位置制御の意味

　電流が忠実に制御されている限りにおいては、モータの種類によって、トルク指令に対する電力変換回路が異なるが、速度や位置の制御は同一のブロックで示すことができる。以降、DCモータをブロック線図化して制御の方法を説明していく。
　モータがトルクT_Mを発生した時のモータの速度をω[rad/s]、角度をθ[rad]とすると、モータ軸の全慣性モーメントをJ[kg・m^2]として、次の運動方程式が成り立つ。ただし、負荷のトルクは外乱トルクとしてT_Lで表す。

$$J\frac{d\omega}{dt} = T_M - T_L$$

これを、ラプラス変換して整理すると、速度とトルクの間には次式の関係が成り立つ。

$$\omega = (T_M - T_L)\frac{1}{J \cdot s}$$

また、角度の微分が速度となるため、速度と位置の関係は次式となる。

$$\theta = \frac{1}{s}\omega$$

これらの式をまとめ、モータを電流制御した場合のブロック線図としたものが図5.6となる。

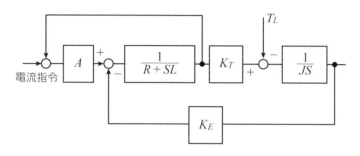

図5.6　速度制御ブロック

この図から、電流アンプのゲイン A を非常に大きくすることで、抵抗とインダクタンスの影響を打ち消せることがわかる。その結果、図5.7に示すように、電流ループを行って、制御が可能となる。

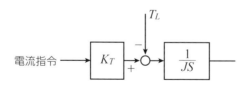

図5.7　電流ループが存在する場合の見かけの等価回路

ただし、電流ループのゲインを大きくしすぎると、過度のリプル電流が発生し、発熱の原因になるため、最悪の場合、制御系が不安定となってしまうことがある。必要な特性が実現できる適切な値に設定しなければならない。

Chapter 5 サーボモータ

5.3.1 速度制御

速度制御は、図5.6に示した速度制御ブロックを基本にして、速度制御を行うループを付け加えることで実現できる。図5.8に速度制御ブロックを示す。

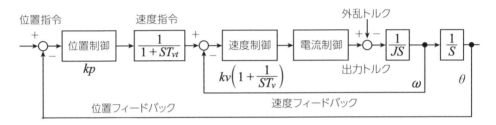

図5.8 速度制御ブロック

制御を比例要素だけで考えて、図5.8のブロックの動作を説明する。モータに停止状態から速度指令 ω_0 を与えた場合、モータの実速度は ω なので、ω_0 から ω を引いた値(これを偏差と呼ぶ)を ε とすると、この偏差 ε にゲイン A の値が電流指令となって、この電流指令の値の電流が流れる。すると、モータがトルク T_M を発生し、加速されて速度が上昇し、偏差 ε がゼロに近づいてくる。そのため T_M も減少して加速も弱くなり、モータ速度が指令速度と一致する。その結果、トルクがゼロとなって指令速度で回転することになる。なお、負荷トルクがゼロであれば、この制御で速度偏差をゼロとすることができる。

外乱トルク T_L を打ち消すためには、トルク T_M を常に発生しなければならない。しかし、図5.9のブロックにおいて、$\omega_0 = \omega$ のときは必ず $T_M = 0$ となるため、偏差 ε をゼロとすることができず、差(定常偏差と呼ぶ)が必ず生じる。

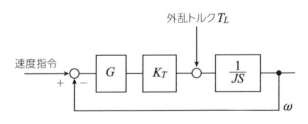

図5.9 P制御ブロック

54

この定常偏差への対策として、制御器に積分要素を付け加える必要がある。したがって、図5.10で示すように、負荷トルクに対しても定常偏差を持たない制御ループとなる。これは、比例ゲインAと積分ゲインTを合わせた制御器となるので、PI制御系と呼ばれている。これらのゲインの調整により、サーボモータの応答が大きく左右される。

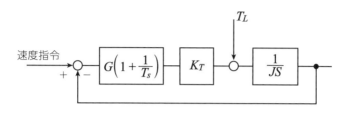

図5.10　PI制御ブロック

　この調整のことをゲイン調整と呼ぶ。アナログ回路でサーボ系の設計が行われていた時代には、専門家によるゲイン調整が必要とされていたが、近年のマイクロプロセッサの進歩により高速のデジタル演算が可能になったため、デジタルによってサーボ系が設計されるようになっている。パイロット信号でサーボドライブシステムの負荷条件を推定して、ゲインの調整を自動で行う技術開発も進んでいる。そのため、最近のサーボでは運転中も負荷の条件として、リアルタイムでゲイン調整を行えるものも製品化された。このように、サーボモータが身近なものとなっている。

Chapter 5 サーボモータ

5.3.2 位置制御

デジタルでサーボモータを位置制御するためには、指令値をデジタル量とする必要がある。その指令値としては、ステッピングモータと同様にパルス列信号が使われる。図5.11にパルス列で位置制御を行うブロックを示す。

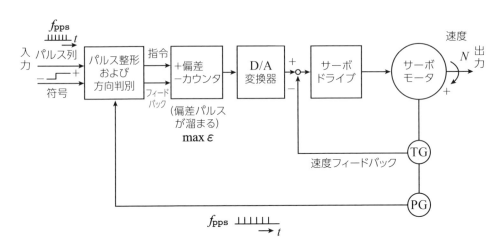

図5.11　偏差カウンタによる位置制御ブロック

偏差カウンタにCW方向指令を加算すると、指令パルスがアップカウントされていく。これが速度指令として出力されると、モータは回転を始めて、フィードバックパルスを発生し、偏差カウンタをダウンカウントさせる。偏差カウンタは、指令パルスとモータからの位置のフィードバックパルスの差を算出し、位置偏差に位置ループでの比例ゲインを乗算して速度指令として出力する。

図5.11では、速度サーボをアナログサーボで構成していることを前提として、位置偏差をD/A変換器を使って、アナログ量で速度指令としている。すべての制御をデジタルで行っている場合には、この部分もデジタル量での指令となる。

図5.12に、フィードバック制御により、カウンタの偏差量εをどのようにコントロールしているかを位置動作を例にして示した。入力パルスは、周波数fでt秒間パルスが出力される。この間に出力されるパルス数Xが位置指令となる。実際の位置は、モータのエンコーダの分解能で決定される。例えば、1回転1000パルスを出力するエンコーダの分解能は、1パルスで0.36°なので、目標位置θは$0.36 \times X$[°]となる。

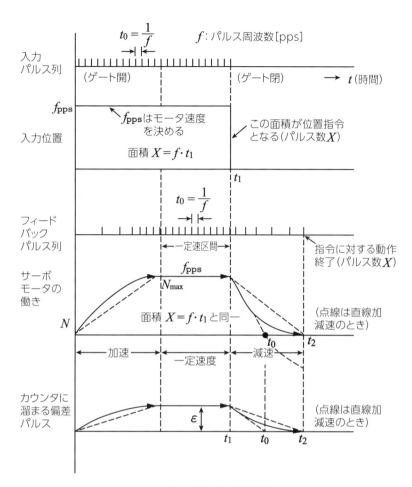

図5.12 位置決めの動作原理

　初めは、モータは静止しているため、時間に比例して、入力パルスが偏差カウンタ内に蓄積されていく。この蓄積された偏差は、サーボモータの速度指令となってサーボモータを加速していく。サーボモータの速度上昇につれて、フィードバックパルスの周波数は上昇し、入力パルス周波数 f に追いつく。

　指令パルスに追従して安定した状態では、周波数 f の指令速度で回転し続ける。つまり偏差カウンタの偏差 ε が指令速度と一致する。この ε のことは、溜りパルスと呼ばれている。

　時刻 t_1 でパルスが停止して、入力パルスがゼロとなると、偏差カウンタ内の溜りパルス ε は徐々に減少する。パルスの減少にしたがってモータも減速し、遂に ε がゼロとなってモータは停止する。このとき、モータは θ [°] で位置決め制御される。もし停止中に外力が加わると、偏差カウ

Chapter 5 サーボモータ

ンタにパルスが溜まるので、位置を保持するようにモータが制御される。ただし、サーボモータで位置制御をした場合は、図5.12で示したように、指令パルスに一致して追従するのではなく、必ず溜りパルス分だけ遅れを生じることに注意が必要である。

5.4 ホビー用サーボ

Webサイトで調べたところ、「ハイテックマルチプレックスジャパン」、「古河インフォメーション・テクノロジー」、「双葉電子工業」、「Tower Pro」が、ホビー愛好家が入手しやすいホビー用サーボを販売している会社のようだ。

ホビー用サーボのFS5106Bは、図5.13に示すようにボックスの形をしている。3本線が電力とグランド、コントローラに供給されるためにモータと接続されている。その他の情報はデータシートから得られる。

図5.13 ホビー用サーボドライバの概観

- 内部構造　　　：ブラシ付きDCモータ
- 入力電圧　　　：4.8〜6 V
- 最大トルク　　：69.56 oz-in (4.8 V) あるいは83.47 oz-in (6.0 V)
- 無負荷回転速度：55.5 rpm (4.8 V) あるいは62.5 rpm (6.0 V)

- 実行角度　　　：180°±5°
- パルス幅　　　：0.7〜2.3 ms
- 中立位置　　　：1.5 ms
- デッドバンド幅：0.005 ms

最初の4つのパラメータの意味は明らかである。FS5106Bはブラシ付きDCモータをベースにしており、4.8〜6.0 Vの入力電圧である。最大トルクと無負荷回転速度は、入力電圧に依存している。残りの4つのパラメータは明確ではない。これらの値は、サーボ性能とそれを制御するために必要な制御信号に依存している。この節では、これらの事柄を取り扱う。

5.4.1　PWM制御

第2章で、DCモータがPWMパルスで制御される様子を説明した。ここでは、図5.14で示すように、どのようにPWMパルスを供給しているかを振り返る。

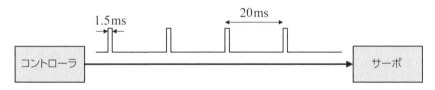

図5.14　サーボドライバへのPWM指令

回転角度が与えられることで180°回転可能となる。コントローラはサーボモータにパルスを送ることで、回転量を指示し、パルスごとに位置を指定する。

中立位置は、パルス幅が1.5 msのときに設定され、図で示したパルス幅となる。同様に、パルス幅が図で示した1.5 msであるときに、中立位置が設定される。なお、0.7 msのパルス幅はロータを完全な左の位置に制御する信号となり、2.3 msのパルス幅はロータを完全な右の位置に制御する信号となる。理論的には、パルス幅が変わるたびにサーボモータが回転しなければならないが、実際には、サーボは、ノイズによるわずかなパルス幅でも動作指示となる危険性がある。これを防止するために「デッドバンド幅」パラメータが設定されている。FS5106Bでは0.005 msに相当している。パルス幅の変化が0.005 ms未満ならばサーボは動かない。

サーボの電源が切られると、サーボモータはその位置で停止する。このことは、再び電源が入れられても、コントローラはサーボモータの位置を知ることができないことを意味している。そ

Chapter 5 サーボモータ

のため、電源が再投入された場合は、サーボモータを定位置に復帰させるのが一般的である。

以降の章では、コントローラがPWMを使ってサーボの動作を制御する方法を説明する。「第6章　Arduino Megaによるモータ制御」では、Arduino基板をサーボモータ制御のためにどのようにプログラムできるかを説明する。「第7章　Raspberry Piによるモータ制御」では、Raspberry Piのシングルボードコンピュータがどのようにサーボ用のPWMパルスを生成できるかを説明する。

5.5　まとめ

3Dプリンタでは、使うモータによって、2つのバージョンが提供されている。ローコストバージョンでは、プリンタのモーションコントロールは、安価で正確なステッピングモータによって実行され、回転が不連続であるために印刷時間が早くできない欠点を持っている。プレミアムコスト版では、精度と速度で連続的に回転するサーボでモーション制御が実行されている。サーボはフィードバックのためにステッピングモータに比べて多くの利点を提供するが、制御系の設計を難しくしている。

ホビー用のサーボモータは、フィードバック制御系は問題とはならない。つまり、これらのサーボモータはPWM信号で位置指令を指示し、DCモータを使った制御システムがあらかじめサーボモータの中に組み込まれているため複雑な制御系を考える必要がない。コントローラのPWMパルスを受信し、モータにパルスを送信するマイクロプロセッサが内蔵されている。

Chapter 6

Arduino Megaによる モータ制御

Chapter 6 Arduino Megaによるモータ制御

Arduino電子回路ファミリは、使用者の意図に対応した作業を容易に実現するワンボードマイコンの1種である。電子回路の開発に慣れていなくても、プログラミングしやすく使いやすいため、理想的な制御コントローラといえる。また、Arduinoボードは、低コストで高い信頼性を提供しており、多くの種類のArduino互換ボードが販売され、世界中が趣味で電子工作を行うために制御装置に組み込んでいる。

種類によっては、遠隔操作の楽器のような単純な電子回路のものもあるが、他の多くは乗り物や家事ロボット、健康状態のモニタリングシステムなど将来性のある製品として応用されている。

本章の目的は、Arduinoのテクノロジーがどのように電気モータ制御に利用されているかを説明することである。以下の3つの部分に分けて解説していこう。

Arduino Mega	：ハードウェアとソフトウェア開発環境を理解する
Arduino Motor Shield	：モータ制御デバイスの仕組みを理解する
モータ制御	：ブラシ付きモータ、ステッピングモータ、サーボモータの制御プログラムを開発する

本章はとても多くの分野の内容を解説しているため、特定の分野に対して不十分な記述となっているが、数多くのArduinoのリソースがインターネット上に存在するので、詳細は、「ランゲージリファレンス」ページ (https://www.arduino.cc/en/Reference/HomePage) やArduinoのフォーラム (http://forum.arduino.cc/) を参照されることを推奨する。

6.1 Arduino Mega

Arduino Megaが他のマイコンボードと比較して最も強力な機能を持っているわけではないし、最新のボードでもないが、現在でも最も人気のあるボードの1つで、従来のArduinoハードウェアおよびソフトウェアと完全な互換性を持っている。表6.1にArduino Megaの基本情報を示す。

表6.1 Arduino Megaのスペック

項目	値	項目	値
寸法	4×2.1インチ	クロック周波数	16MHz
動作電圧	5V	デジタルI/Oピン	64本
推奨入力電圧	7〜12V	アナログ入力ピン	16本

これらの限られたリソースのため、Arduino Megaはテキストエディタやネットサーフィンのような PC で行う用途には不向きである。しかし、Arduino Motor Shield を接続すれば、ブラシ付き DC モータやステッピングモータ、サーボモータを制御できるようになる。この節では、Arduino Mega のボードとその中枢である ATmega2560 マイクロプロセッサについて説明する。Arduino Motor Shield については後節で紹介する。

6.1.1　Arduino Megaボード

Arduino Mega は Arduino の特徴であるシンプルさをより目立たせるように設計されている。電源ピンは同一グループ化され、"POWER"と明示されていて、通信ピンは"COMMUNICATION"に分類されている。図6.1にArduino Megaの全体図を示す。

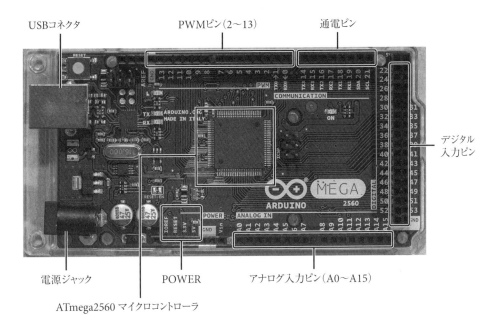

図6.1　Arduino Megaボード全景

Chapter 6 Arduino Megaによるモータ制御

ボードの外周は、基板間をピンで結合するための一群のピンコネクタが取り巻いて配置されている。これらは「ヘッダ」と呼ばれ、Arduino Megaのヘッダコネクタは以下の5つのグループに分類される。

- 電源　　　　：外部電源を受電もしくは供給する
- アナログ入力：アナログデータをデジタル信号に変換する
- デジタル　　：デジタル信号を送信または受信する
- 通信　　　　：3つのシリアルポートを通じて信号を通信する
- PWM　　　　：パルス幅変調を行った信号を送信する

本章の目的は、最も重要なヘッダ信号であるPWMグループを説明することである。PWMは、DCモータの制御信号を作るために利用される。

ボードの左側には、推奨電圧7〜12Vである電源ジャックがある。しかし、Arduino Megaへの電源はUSBコネクタ経由で供給することが推奨されている。Arduino MegaをUSBでPCへ接続すれば、動作に必要な電力がPCから得られるだけでなく、Arduino Megaへプログラムを転送できるようになる。

6.1.2　マイクロコントローラとATmega2560

図6.1に示したとおり、回路基盤の中央部にはATmega2560と呼ばれる100ピンのデバイスがある。このデバイスは、マイクロコントローラ（いわゆる「マイコン」）である。ここでは、マイコンとは何か、またATmega2560の固有の特徴は何かを解説する。

マイクロコントローラ

マイクロコントローラ（以降、MCUと略す）を紹介する最善の方法は、PCと比較することである。PCは、デジタル通信やデータ処理を含む幅広い多様な目的のための機能を供給している。

これらの目的を果たすために、PCには多種のデバイスが必要となる。データ処理のためのプロセッサ、一時データを保持するためのRAM、OSやファイルやプログラムを記録するためのハードディスクといった多種のデバイスが必要となる。

MCUは同様の機能を果たしているが、それらすべてのデバイスが1つのチップに統合されている。

1チップに集約することで、低コストや低出力動作、回路設計を楽にするといったいくつかの利益をもたらす。欠点は、MCUのオンチップリソースは、PCで見られるような素晴らしい性能とはかけ離れていることである。

次の例は、この点を明らかにしている。

たとえば8GBのRAMを搭載し、プロセッサは3GHzで動作するPCがあったとする。対照的に、Arduino MegaのMCUは8kBのRAMしか持たず、16MHzでデータ処理を行う。これは、このPCがArduino Megaのおよそ200倍の速さで動作し、100万倍のデータを記録できることを意味している。

MCUはパーソナルコンピューティングには向いていないかもしれないが、単純なロボットや自動センサシステムを構築するときには、MCUでリソース不足が問題になることはなく、逆に、低コストであることの恩恵が得られ、またMCUが自己完結であるために回路設計が簡単になる。

一般的に、マイコンを利用した機器は次の3ステップで動作する。

① **温度センサや圧力センサなどのセンサからのデータを読み取る**
    センサから入力されるデータは一般にアナログ量である。コンピュータで処理するためには、データは0または1のデジタル量（デジタルデータ）に変換しなければならない。これを可能とするため、最近のMCUは複数のアナログ－デジタル変換器（ADC）を持っている。

② **データを処理し、システムの状態を判断する**

③ **システムの状態を用いてモータなどの機構を制御する**
    MCUはパルス幅変調（PWM）を用いてアクチュエータを制御する。PWMについてはこの本で詳細に取り扱っている。この節の後半で、ブラシ付きDCモータやサーボモータを制御するためにArduino MegaでPWMをどう使うかについて解説する。

Chapter 6 Arduino Megaによるモータ制御

ATmega2560

大半のArduinoボードにはAtmelのMCUが搭載されており、Megaも例外ではない。

Arduino MegaはAtmel ATmega2560に処理を依存している。表6.2にATMega2560の主要な特性を示す。

表6.2 Atmel ATmega2560の特性

項目名	値
クロック周波数	16 MHz
フラッシュメモリ	256 kB
SRAM	8 kB
EEPROM	4 kB
ピン数	100本
AD変換精度	10 bit
PWM精度	8 bit
動作温度幅	−40〜85℃

これらの値を見る上で、3種類のメモリの違いを理解することが重要になる。

- フラッシュメモリはプログラムを保持するものであり、Arduino Megaで実行可能なプログラムの大きさは最大256 kBであることを意味する。
- SRAMはプログラムで利用する一時データを保持するものである。
- EEPROMは設定値やパラメータを記録するものである。

SRAMは電源が供給されなくなると消去されるが、フラッシュメモリとEEPROMは電力がなくとも内容を保持する。

ATmega2560マイコンは、100本（11本の電源ピンと89本の入出力ピン）のピンを持つ。大半のI/Oピンは複数の機能を持ち、ピンの機能を設定することがMCU開発の大きな懸案事項である。

幸い、Arduinoの構成はピン設定を簡単にしている。54本のATmega2560のI/OピンはArduino Megaのヘッダを通じて利用しやすくなっており、それらの動作設定の手順はほとんどが自明で簡単である。

ATmega2560は世界中の利用者に使われるたくさんの素晴らしい特徴を持つものの、実際に使うためには、製作者自身でプログラムを記述することが重要である。以降にプログラミング法を解説する。

6.2 Arduino Megaのプログラミング

注意：この節ではC言語の基礎を知っていることを前提としている。もしC言語について知識を持ち合わせていなければ、この節を読む前にC言語の入門書で学習することをお勧めする（原著者おすすめの入門書はDan Gookin著 "C for Dummies" である）。

　一般的に、MCUのプログラミングは親切ではない。読者はメモリマップや周辺機器用バス、割り込みベクタ、無数のデータおよびコントロールレジスタの機能を知る必要がある。また、新しいMCUに変えるときには、ほとんどゼロからプログラムを書き直さなければならない問題がある。

　Arduino Megaの構成の刷新された素晴らしい点は、MCUのコードの記述が劇的に簡素化されていることである。C言語に精通しているならば、数分でArduinoのプログラムが完成できるようになる。そして新しいArduinoボードが登場しても、何の調整もなしにプログラムをコンパイルし実行することができる。

　この節では、一般的にスケッチと呼ばれるArduinoのプログラムをどのように記述し、コンパイルし、実行するかについて紹介する。

　しかしながら、プログラミングを始める前に、Arduinoの環境を把握して動作させるようにしなければならない。

6.2.1　Arduino開発環境の準備

Arduino開発環境は次の3つの要素からなるソフトウェアパッケージである。

- Arduinoボードと通信するためのUSBドライバ
- MCUの実行形式にスケッチコードを変換するためのコンパイラ
- スケッチを編集し、コンパイルし、アップロードするための統合開発環境（IDE：Integrated Development Environment）

Arduino開発環境は "https://www.arduino.cc/en/Main/Software" からダウンロードできる。

　リリース版が2つあるが、2つの違いを把握することが重要である。

Chapter 6 Arduino Megaによるモータ制御

- **現バージョン**

  「Arduino 1.8.x」：最新のバージョンで、すべてのArduinoボードに対応している。

- **旧バージョン**

  「Arduino 1.0.x」：Arduino Megaのような8bitプロセッサに対応している。32bitのMCUには対応していない。

  「Arduino1.5.x」：開発途中のβ版としてリリースされているが、利用は推奨されていない。

Arduino Megaを使用するためのPC上の統合開発環境を実現するソフトウェアをダウンロードするには、"https://www.arduino.cc/en/Main/Software"をブラウザで開き、「Download the Arduino IDE」から、自分が使用するOSと一致するリンクをクリックする。

Arduinoファイルをダウンロードすると、アプリケーションのインストール準備が整う。

インストール方法はOSによって異なるが、適用するソフトウェアをダウンロードしてインストールすればよい。詳細についてはGetting Started pageにあるOS別のインストールガイドを参照してほしい。

> 訳注：原著では、最新の開発環境のソフトウェアとしてver 1.5.xについて言及している。このバージョンは長い間ベータ版となっていたが、現在ではver 1.8.xがリリースされ、このバージョンはベータ版のまま開発が終了しているようだ。本書では、長い期間安定供給されているver 1.0.xを利用して説明している。原著にもあるとおり、これが新しいボードの代わりにモータコントロールにArduino Megaに頼る理由であるといえるだろう。

インストールが完了したら、Arduino IDEの起動ファイルを実行する。

図6.2にWindows 10でのArduino IDEの外観を示す。開発環境は日本語化されていてわかりやすくなっている。

6.2 Arduino Megaのプログラミング

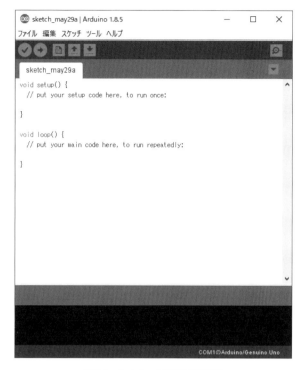

図6.2　Arduino IDEの起動画面

　最初にArduino IDEを起動したときには、どのArduinoボードを使うか、どのようにアクセスするかが決まっていない。したがって、コーディングを始める前に、ボードの環境を設定する必要がある。

　ボードをUSBで接続する場合、次の5段階の手順で環境設定を行う。

① Arduino MegaとUSBケーブルを接続し、もう一方をPCに接続する
② Arduino IDEを起動する
③ メインメニュー中の［ツール］－［ボード］を選んでオプションを開き、［Arduino Mega ADK］を選択する
④ メインメニュー中の［ツール］－［シリアルポート］を選んで、接続されたポートを選択する。接続しているシリアルポートを決定する手順はOSによって異なる
⑤ メインメニュー中の［ファイル］－［名前を付けて保存］を選び、スケッチの名称を"blink"にして保存する

　これらの手順が済んだ後、開発環境は図6.3に示すような外観になる。

Chapter 6　Arduino Megaによるモータ制御

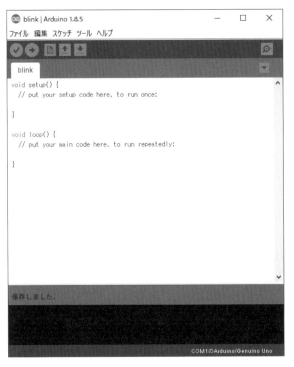

図6.3　Arduino IDEの設定終了画面

　最後のステップで、"blink.ino"という名前のファイルに空のスケッチが保存される（*.inoはArduinoスケッチの拡張子である）。デフォルトでは、ユーザーのドキュメントフォルダの中にあるArduino¥blinkフォルダに保存される。Windows上の例としては、blink.inoファイルはC:¥Users¥(ユーザー名)¥Documents¥Arduino¥blinkに保存されている。

 ## 6.2.2　開発環境を利用する

　一度開発環境をボードに合わせて設定したら、面倒な部分は終わっている。これからすべきことのすべては、コードを編集することとエディタの上部にあるボタンを使うことである。
　どのように行えばいいか説明するために、簡単なスケッチのコンパイルとアップロードについて順を追って説明していく。
　リスト6.1にblink.inoのコードを示す。

リスト6.1　blink.ino　LEDを点滅させる

```
/* This sketch sets the voltage of Pin 13 high and low.
This causes the LED connected to the pin to blink. */

// Assign a name to Pin 13
int led_pin = 13;

// At startup, configure Pin 13 to serve as output
void setup() {
  pinMode(led_pin, OUTPUT);
}

// Repeatedly change the voltage of Pin 13
void loop() {
  digitalWrite(led_pin, HIGH);   // set the pin voltage high
  delay(1000);                   // delay one second
  digitalWrite(led_pin, LOW);    // set the pin voltage low
  delay(1000);                   // delay one second
}
```

　もしコードを手入力するのが難しい場合には、本書のサポートページ (https://gihyo.jp/book/2018/978-4-297-10113-8) からコードをダウンロードできるので利用することを勧める。この本のすべてのサンプルコードは、"mfm.zip"という名前のアーカイブファイルにまとめられている。

　アーカイブファイルをダウンロードしてコンテンツを展開すると、「mfm_download」-「Ch9」フォルダにblink.inoがある (訳注：原著では本章は第9章となっている)。メインメニューの[ファイル]-[開く]から、blink.inoを開発環境にロードする。

　コードが入力できたら、次のステップでArduino Megaに適応するバイナリデータにコンパイルする。コンパイルはエディタの上の、最も左にあるチェックマーク (検証) ボタンをクリックすることによって作業が始まる。コードにエラーがある場合、オレンジ色の文字のエラーメッセージとともに、最初のエラーおよびエラーを生み出しているコードの行数が表示される。エラーがない場合、「コンパイル終了」のメッセージが表示される。

　右矢印のボタンをクリックした場合には、スケッチが再コンパイルされArduino Megaボードにプログラムをアップロードする。作業が問題なく完了した場合、「ボードへの書き込みが完了」というメッセージが表示され、ボード上でプログラムが実行される。Arduino Megaでは、ピン13の隣のLEDが、1秒点灯して1秒消灯のサイクルで点滅を始める。

Chapter 6 Arduino Megaによるモータ制御

図6.4は、訳者が行った動作検証風景を撮影したものである。

図6.4 blink.inoの検証風景

注意：コードを手入力した場合、タイピングしている間にエディタの左下角に数字を確認できるが、この数字は現在のカーソル位置の行数を示している。

 ### 6.2.3 Arduinoのプログラミング

Arduinoのプログラムは、C言語と同様の構造体と構文に準拠した命令文から成り立っている。それぞれの命令文はセミコロンで完結するとともに、構造体は関数でグループ化されていることを意味している。Arduinoは多くの基本的なC言語のデータ型に対応するが、大抵のArduino Megaのプログラムで要求されるデータ型はint型である。

C言語と大きく違う点は、スケッチでは最初の行にmain関数がないことで、その代わりに、すべてのスケッチが次の3つのパートに分類される。

- **グローバル変数**：このパートはスケッチを通して使われる変数を宣言し、初期化する
- **setup関数**：ボードを起動したときおよびリセットしたときに一度だけ実行される。変数やピンモードの初期化、ライブラリの準備などに使用する
- **loop関数**：setup関数の処理が完了した後に実行したいプログラムを記述する

簡単な例題により、Arduinoのプログラムがどのように動いているかを説明する。リスト6.1のコードは、ピン13端子の電圧をHIGHとLOWとに繰り返し出力することで、ピン13に接続したLEDが1秒ごとに点滅するプログラムである。

このスケッチを理解するために、Arduino構成に準拠した関数を熟知する必要がある。紙面の都合上、すべての関数を包括して説明はできないが、「デジタルI/O」「タイミング」「アナログ値取得」「アナログ値出力」という4つのカテゴリの関数が重要である。表6.3にこれらの説明をまとめる。

表6.3 スケッチの重要な関数

カテゴリ	関数	説明
デジタルI/O	pinMode(int pin_num, int mode_type)	ピンのモードがINPUTかOUTPUTかINPUT_PULLUPか設定する
	digitalRead(int pin_num)	入力電圧によりHIGHかLOWを返す
	digitalWrite(int pin_num, int level)	出力ピンの電圧をHIGHかLOWにセットする
タイミング	delay(int time)	関数が完了する前に指定したミリ秒待つ
	delayMicroseconds(int time)	関数が完了する前に指定したマイクロ秒待つ
	millis()	プログラムがスタートするまでの時間をミリ秒で返す
	micros()	プログラムがスタートするまでの時間をマイクロ秒で返す
アナログ値取得	analogReference(int ref_type)	アナログ入力の最大電圧をセットする
	analogRead()	入力したアナログ電圧値を返す
アナログ値出力	analogWrite(int pin_num, int duty_cycle)	デューティーサイクルで求まるPWMパルスを送る

この表でリストアップした関数は、Arduinoのプログラミングで利用可能な関数の半分にも満たない。すべての関数リストは"https://arduino.cc/en/Reference/"を参照されたい。

> 注意：HIGHとLOWは通常はint型の値である。HIGHは1、LOWは0である。

デジタルI/O

既に述べたように、Arduino Megaのピンは、「電源」「アナログ入力」「デジタル」「通信」「PWM」の5つのグループに分類される。

電源ピンを除いて、Arduino MegaのデジタルI/Oのピンは、次の3つの機能のうちの1つに設定することができる。

Chapter 6 Arduino Megaによるモータ制御

INPUT ：入力ピンのデジタル電圧値（HIGHもしくはLOW）をdigitalRead関数で読むことができる
INPUT_PULLUP：初期状態がHIGHの入力ピン
OUTPUT ：出力ピンの電圧がdigitalWrite関数で設定できる

　ピンの状態は入力ピンか出力ピンに設定できる。状態を設定するためには、pinMode関数に「ピン番号」と「モード番号」という2つの独立変数を設定する。初期状態では、すべてのピンは入力にセットされている。次のコードは、10番ピンを出力ピンにセットするコードである。

```
Pinmod(10,output)
```

　pinModeをINPUTまたはINPUT_PULLUPにセットすると、digitalRead関数は入力電圧に相当するint型の値を返す。つまりINPUTモードでは、digitaiRead関数は3V以上の電圧でHIGHを、2V以下の電圧を入力することでLOWを返す。INPUT_PULLUPモードでは、digitalRead関数は初期状態でHIGHを返し、ピンがグランドに接続されるとLOWを返す。

　pinModeをOUTPUTにセットすると、digitalWrite関数が電圧を設定するために呼び出される。この関数は、「ピン番号」と「電圧レベル」という2つの変数を持つ。2つ目の変数をHIGHにセットすると、digitalWrite関数はピンの電圧を5Vにセットする。2つ目の変数をLOWにセットすると、ピンの電圧は0Vにセットされる。

　次の例は、7番ピンの電圧を読み取り、9番ピンにその電圧の値を書き込む簡単なコードである。

```
res = digitalRead(7);
digitalWrite(9, res);
```

　このコードがloop関数の中にある場合、同じ動作を繰り返し実行し、setup関数の中にある場合には、1度だけ実行される。

タイミング

Arduinoのタイミング関数の働きは理解しやすく、使うのも簡単だ。全部で4つのタイミング関数があり、遅れ時間を定める関数が2つ、プログラムの実行時間を設定する関数が2つある。

digitalWrite関数でピンの電圧を変えるなど、プログラム中でピンの状態を更新した場合、状態を保持し続けている時間が欲しいことがある。この動作はdelay関数もしくはdelayMicroseconds関数によって実行できる。

例として挙げたリスト6.1のblinkアプリケーションは、13番ピンの電圧をHIGHとLOW交互にセットすることを繰り返している。それぞれHIGHとLOWの状態をdelay関数によって1秒間保持している。これは、次のコードで実現している。

```
delay(1000);
```

一度delay関数が開始されると、その後の命令はdelay関数が終了するまで実行されない。この変数はミリ秒の単位で待機時間を指定する。変数を250とすると、delay関数は、その次の命令を1/4秒止める働きをする。

多くのアプリケーションでは、ミリ秒という時間単位は長すぎるため、delayMicroseconds関数を使用する。この関数はdelay関数と同じ働きをするが、この変数はマイクロ秒で待機時間を指定する。1 µsは1 msの1/1000であり、delayMicroseconds(500)は500 µs、すなわち1/2 ms待機し、これは0.0005秒に等しい。

スケッチでは、loop関数内で実行されるプログラムは、電源が切断されない限り実行され続ける。そのためloop関数を中断することやブレークアウトすることはできない。しかし、そのコードを決められた時間だけ実行したい場合であれば、millis関数またはmicros関数を使って制御することができる。これらの関数は、プログラムの実行時間をミリ秒またはマイクロ秒単位で制御する。

次のコードは、millis関数がどのように使われているかの例を示している。このコードでは、13番ピンを、最初の5秒間HIGHにセットした後、次の5秒間LOWにセットし、再びHIGHにセットしている。

Chapter 6 Arduino Megaによるモータ制御

```
if (millis() < 5000)
  digitalWrite(13, HIGH);
else if (millis() < 10000)
  digitalWrite(13, LOW);
else
  digitalWrite(13, HIGH);
```

micros関数を使えば、より正確な時間計測が可能である。この関数はアクチュエータをコントロールするときや他のデバイスと通信するときに役に立つ。

アナログ値の取得

センサからのデータまたは他のアナログ機器からのデータを読み取りたい場合、Arduinoでは、「analogReference関数」と「analogRead関数」という、2つの重要な関数を使用する。

アナログ信号は無限数の値をとるが、Arduino Megaのピンは一般に電源の電圧で制限される有限の値しか入力することができない。したがって、アナログデータを読み込むスケッチを記述する場合は、読み取れる最大電圧を理解して使い分ける必要がある。

初期状態では、Arduino Megaで読み取れるアナログ最大電圧は5 Vであり、アナログ入力は0～5 V間の入力だけを識別できることを意味している。この最大値はanalogReference関数で変更できるのだが、関数の変数として4つ用意されているうちの1つを選択する。

DEFAULT　　　　：初期値の5 V
INTERNAL1V1　　：最大値1.1 V
INTERNAL2V56　 ：最大値2.56 V
EXTERNAL　　　 ：最大電圧はAREFピンの電圧でセットされる

Arduino Megaを図6.1と同じ向きに置いた場合、AREFは最上部のヘッダの最も左に位置する。analogReference関数の変数をEXTERNALにセットして呼び出した場合は、ボードのアナログピンは0 VからAREFピンの電圧の間の入力電圧を読み取ることができる。なお、AREFピンは必ず0～5 Vの間にセットしなければならないことに注意してほしい。

digitalRead関数のように、analogRead関数は電圧を読み取るべきピン番号を受け入れる。digitalRead関数と同様、analogRead関数はint型で値を返す。しかし、これらの関数の間には次のような2つの大きな違いがある。

- analogRead関数で返されるint型の値は0～1023であり、0は電圧0Vを、1023は最大電圧を表している。
- analogRead関数は特別に設定されたアナログ入力ピンからのみ呼び出すことができる。図6.1に示したように、Arduino MegaはA0からA15までの16本のアナログ入力ピンを持っている。

以下に使い方のコード例を示す。次のコードはA5ピンのアナログ電圧を読み取る例である。

```
analog_v = analogRead(A5);
```

アナログ入力ピンではあるが、これらのピンは、デジタルI/O関数であるdigitalRead関数およびdigitalWrite関数でアクセスすることが可能である。次のコードはA5ピンのデジタル電圧レベルを読み込む例である。

```
digital_v = digitalRead(A5);
```

通常のデジタルピンのように、アナログ入力ピンは初期状態でINPUTモードに設定されている。pinMode関数によって、OUTPUTモードにもINPUT_PULLUPモードにも設定することが可能である。

アナログ値の出力

analogWrite関数はモータ制御の応用にとって非常に重要な関数である。この関数は、一見すると、Arduino Megaが整数値を実際のアナログ出力に変換するデジタル－アナログ変換機（DAコンバータ）の能力を持つように錯覚してしまうが、実際にはDAコンバータとしては利用できず、アナログ出力を生成する能力はない。

Arduino MegaのanalogWrite関数は、アナログ出力を生成する代わりに、パルス幅変調（PWM）でフォーマットされたパルス列としてアナログ値を出力している。「第1章　モータ概論」で説明したように、PWMは、ほとんどのモータをコントロールするのに重要なパワーエレクトロニクス技術である。PWM信号のパルス列は、同一の高さで同一の周期であるが、パルス幅は変化する。この周期あたりのパルス幅の割合を、デューティー比と呼ぶ。

Chapter 6 Arduino Megaによるモータ制御

PWM信号を制御するため、analogWrite関数は次の2つの変数が必要となる。

ピン番号 ：analogWrite関数は特有のピン（Arduino Mega上の2〜13、44〜46ピン）でのみ有効である。それらのピンはアナログ入力ピンとして使用できない

デューティー比：この値はパルス間の時間に対するパルス幅の時間を決定する。この値は0（常時OFF）〜255（常時ON）の間に設定できる

リスト6.2に示すコードは、analogWrite関数がどのようにパルスを作るかを示している。

リスト6.2　pwn.ino　パルス幅変調

```
/* This sketch produces a pulse-width modulation (PWM) signal
whose duty-cycle switches between 0%, 25%, 50%, and 75%. */

// Assign a name to Pin 13
int pwm_pin = 13;

// Configure Pin 13 as an output pin
void setup() {
  pinMode(pwm_pin, OUTPUT);
}

// Switch the duty-cycle between 25% and 75%
void loop() {
  analogWrite(pwm_pin, 0);       // set duty cycle to 0%
  delay(1000);                   // delay one second
  analogWrite(pwm_pin, 64);      // set duty cycle to 25%
  delay(1000);                   // delay one second
  analogWrite(pwm_pin, 128);     // set duty cycle to 50%
  delay(1000);                   // delay one second
  analogWrite(pwm_pin, 192);     // set duty cycle to 75%
  delay(1000);                   // delay one second
}
```

このスケッチでは、setup関数で13番ピンをOUTPUTモードに設定している。そしてloop関数でanalogWrite関数を4回呼び出しており、デューティー比を0%から25%、50%、75%へと変化させている。この変化は13番ピンに接続したLEDの明るさの変化となる。それぞれの明るさの変化ののち、スケッチは1秒待機する。図6.5はこれらのパルスのイメージを示す。

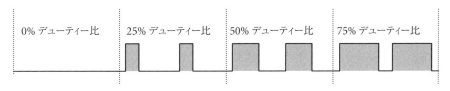

図6.5　PWM出力形式

パルス間の時間（周期）はボードごとに差異があるが、ピンごとに差異があることもある。原著者がテストしたボードのArduino Megaでは、ピン2、3とピン5〜12間は2.05 msであり、ピン4とピン13間は1.025 msであった。言い換えれば、ピン2、3とピン5〜12間のPWM周波数は488 Hzであり、ピン4とピン13間のPWM周波数は976 Hzであるということだ。

Arduino MegaのPWM周波数を特別なコードを使って変更させることは可能である。このことは本書の範囲を超えているが、その変更方法を説明したたくさんのオンラインリソースが存在する。

6.3　Arduino Motor Shield

Arduino Megaはたくさんの機能を持つが、モータをコントロールするのに十分な電流を供給する能力を持っていない。またモータの回転方向を正転／逆転させるためにはHブリッジ回路が必要となるが、これを持っていない。したがって、Arduino Megaでモータをコントロールするためには、Arduino Motor Shieldと呼ばれるモータ駆動用のボードを接続しなければならない。

Arduinoの用語では、"shield"はArduinoボードの上に接続される2つ目の回路基盤のことを指しており、ワイヤレス通信やGPSトラッキング、MP3再生用のshieldを含めて、多くのshieldが存在する。

Arduino Motor Shieldはモータコントロールに必要な回路で構成されているが、その概観を図6.6に示す。

Chapter 6 Arduino Megaによるモータ制御

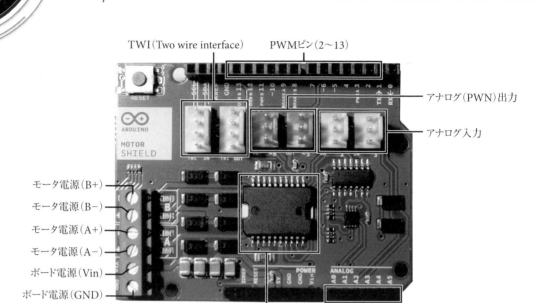

図6.6 Arduino Motor Shieldの概観

さまざまなタイプのモータ用としてたくさんの接続端子があるため、Arduino Motor Shieldはわかりにくい。この節では、Arduino Motor Shieldがどのように動作しているかを説明し、以降の節のモータのコントロール方法の説明につなげる。

6.3.1 電源

Arduino Motor Shieldの論理デバイスは、Arduino Megaからデジタル回路用の電源供給を受けるが、モータを駆動するのに十分な容量ではない。モータ駆動用の電力を供給するため、Arduino Motor Shieldは独自の電源入力を有している（図6.6の左下にあるねじ止めのVinおよびGND端子である）。Vinの電圧範囲は7～12Vであり、モータ1つ当たり最大2Aの電流を流すことができる。

Vinを高い電圧にセットした場合、Arduino Motor Shieldの電源がArduino Megaに影響しないようにすることが重要である。公式の説明書ではArduino Motor Shieldの下側にある"Vin Connect"のジャンパを取り除くことを推奨している。原著者はArduino Megaにピンが接続されないようにするため、Arduino Motor ShieldのVinピンを、電源ヘッダの右端に曲げておくことを推奨している。

Arduino Motor Shieldでは、ボード電源(Vin)および(GND)端子の上方に、電力出力用の4つの出力端子を持ち、2個のブラシ付きDCモータまたは1個のステッピングモータに電力を供給することができるようになっている。この端子の動作については、後の節で説明する。

 6.3.2　L298PデュアルHブリッジ接続

「第2章　DCモータ」で説明したように、4つの半導体スイッチを持つHブリッジ回路は、モータ電流の方向を正／逆に切り替えることができる。Arduino Motor Shieldには、Hブリッジ回路を2つ持つIC L298Pが搭載されている。このチップはバイポーラトランジスタ(BJT)をスイッチとして使用している。図6.7に、HブリッジがArduino Motor Shieldの信号とどのように接続されているかを示した。

この回路の動作を考えることは多少難しさを伴うが、本質的な目的はモータ出力MOT_A＋とMOT_A－に電力を供給することである。

モータを正転させるためには、MOT_A＋はVinに接続され、MOT_A－はGNDに接続されることが必要であり、逆転させるためには、MOT_A＋はGNDに接続され、MOT_A－はVinに接続されればよい。

PWM_A信号はArduino MegaからPWMパルスを受け取る。このパルスがHIGHなら、回路の機能は通常どおりである。このパルスがLOWであれば、スイッチの入力に電圧は印加されず、MOT_A＋およびMOT_A－には何も接続されない。

PWM_AがHIGHであれば、4つのスイッチはDIR_AとBRAKE_Aによってコントロールされる。DIR_AがHIGHならば、S_0はMOT_A＋をVinにつなぐ。DIR_AがLOWならば、S_2はMOT_A＋をGNDにつなぐ。

Chapter 6 Arduino Megaによるモータ制御

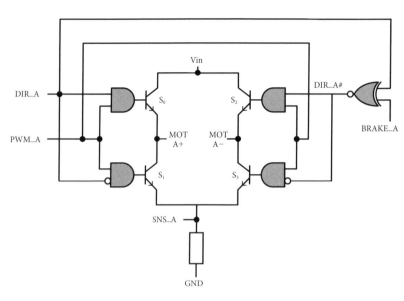

図6.7　Hブリッジ構成

　ダイアグラムの右側は、BRAKE_Aが回路にどのような影響を及ぼすかを示している。BRAKE_AがLOWならば、DIR_A#はDIR_Aの論理否定となる。これはMOT_A＋がVinに接続されたときにMOT_A－はGNDに接続され、逆もまた同様であることを示している。

　しかし、BRAKE_AをHIGHにすると、DIR_A#はDIR_Aと同一となる。これはMOT_A＋とMOT_A－は常に同じソースに接続されていることを意味する。なぜならMOT_A＋とMOT_A－の電位差が0であるために、モータに電流は流れず、モータは停止する。

　モータを適切にコントロールするためには、図6.7において、Arduino Megaのピンと信号をどのように接続するかを知ることが重要である。

　表6.4にそれぞれのモータ信号とそれに一致するピンを列挙する。

表6.4 モータ信号とArduinoのピン

モータ信号	Arduino Megaのピン	説明
DIR_A	12	モータAの回転方向の制御
DIR_B	13	モータBの回転方向の制御
PWM_A	3	モータAのPWM信号
PWM_B	11	モータBのPWM信号
BRAKE_A	9	HIGHのときにモータAを停止
BRAKE_B	8	HIGHのときにモータBを停止
SNS_A	A0	モータAの電流センサ
SNS_B	A1	モータBの電流センサ

6.3.3　ブラシ付きDCモータの制御

　以下の例は、デュアルHブリッジ接続がモータコントロールにどのように使われているかを示している。リスト6.3のコードは、Arduino Motor ShieldのMotor Power A＋端子とMotor Power A−端子に接続されたブラシ付きDCモータをコントロールする例である。

リスト6.3　brushed.ino　ブラシ付きDCモータの制御

```
/* This sketch controls a brushed motor. It drives it in the
forward direction at 75% duty cycle and halts. Then it
drives it in reverse at 75% duty cycle and halts. */

// Assign names to motor control pins
int dir_a = 12;
int pwm_a = 3;
int brake_a = 9;

// Configure the motor control pins in output mode
void setup() {
  pinMode(dir_a, OUTPUT);
  pinMode(pwm_a, OUTPUT);
  pinMode(brake_a, OUTPUT);
}
// Deliver power to the motor
void loop() {

  // Drive the motor forward at 75% duty cycle
  digitalWrite(brake_a, LOW);
  digitalWrite(dir_a, HIGH);
  analogWrite(pwm_a, 192);
  delay(2000);
```

Chapter 6 Arduino Megaによるモータ制御

```
  // Halt the motor for a second
  digitalWrite(brake_a, HIGH);
  delay(1000);

  // Drive the motor in reverse at 75% duty cycle
  digitalWrite(brake_a, LOW);
  digitalWrite(dir_a, LOW);
  analogWrite(pwm_a, 192);
  delay(2000);

  // Halt the motor for a second
  digitalWrite(brake_a, HIGH);
  delay(1000);
}
```

処理ループが開始されると、DIR_Aは1に、PWM_Aは192にセットされる。これにより、モータを正転方向に75%のデューティー比で運転する。停止期間を挟んで、DIR_Aを0に、PWM_Aを192にセットする。これにより、モータを逆転方向に75%のデューティー比で運転する。

6.4 ステッピングモータの制御

　本書では、多くの種類のモータについて議論されているが、ステッピングモータは最も理解が容易なモータである。その動きは、パルスごとに一定の角度だけ回転し停止するだけである。しかしコントロールするのは最も容易というわけではない。ステッピングモータの信号入力接続は、バイポーラ結線では4つあり、ユニポーラ結線では6つある。

　Arduino Motor Shieldでは、ステッピングモータのコントロールを容易にする。このShieldのハードウェアがステッピングモータのコントロールに適しているだけでなく、Arduinoのスケッチが、コントロール用のソフトウェアを提供している。

　これはフリーソフトであり、ライブラリの形でパッケージされている。この節の冒頭では、どのようにStepperライブラリを入手して、その関数をどのように使うかを紹介する。

6.4.1 Stepperライブラリ

Arduino IDEのインストール直後は、ストリーミングやシリアル通信機能を除いたおよそ40の関数を呼び出すことができる。これらの関数セットは、ライブラリを使うことで拡張できる。例えば、あるライブラリはシリアル周辺機器インタフェース（SPI）を介した通信のための関数を含み、あるライブラリは液晶ディスプレイ（LCD）をコントロールする関数を含む。

どのようなライブラリが利用可能かは、"https://arduino.cc/en/Reference/Libraries"を参照されたい。ライブラリは、「基本ライブラリ」と「拡張ライブラリ」の2つに分類される。拡張ライブラリは、ダウンロードしてArduino IDEにインストールしなければならない。基本ライブラリはダウンロードもインストールもする必要はなく、Arduino IDEに含まれている。

基本ライブラリの関数にアクセスするためには、スケッチの環境エディタを開く。そしてメインメニューの［スケッチ］－［ライブラリを使用］を選び、リストから関心のあるライブラリを選択する。ここではStepperライブラリを利用するため、リストから［Stepper］を選択する。すると、次のコードがスケッチの先頭に記述される。

```
#include <Stepper.h>
```

この1文が追加されると、Stepperライブラリの関数の呼び出しが可能となる。表6.5にStepperライブラリの関数と、その機能を列挙する。

表6.5　Stepperライブラリの関数

関数	説明
Stepper(int steps_per_rev, int pin1, int pin2)	1回転あたりのステップ数と接続ピンの番号をStepperオブジェクトの形で返す
Stepper(int steps_per_rev, int pin1, int pin2, int pin3, int pin4)	1回転あたりのステップ数と接続ピンの番号をStepperオブジェクトの形で返す
setSpeed(int rpm)	ステッピングモータの速度をrpmの形でセットする
step(int steps)	指定したステップ数だけステッピングモータを回転させる

オブジェクトとクラスがどのようなものかを知っていれば、この関数の働きは容易に理解できる。その知識のない読者のために、オブジェクト指向プログラムについての概要をまとめた。その概要の後に、表6.5の関数をどのように使うかを説明する。

Chapter 6 Arduino Megaによるモータ制御

オブジェクトとクラス

表6.5の最初の2つの関数は、これまで説明した他の関数とは異なり、setup関数やloop関数では呼び出せない。この2つの関数は新たなグローバル変数を作るためのものであり、そのため、Stepper関数はsetup関数の上に記述しなければならない。

Stepper関数によってつくられた変数は、int型でもfloat型でもなく、Stepper型となる。専門的に言えば、Stepperはクラスであり、stepper関数で作られた変数はオブジェクトである。オブジェクト指向プログラミング（OOP）については、多くの書籍があり、非常に深い内容のものであるが、Arduinoの開発では、次の4点のみ理解しておけば十分である。

- すべてのオブジェクトはコンストラクタと呼ばれる関数で作られる。クラスは複数のコンストラクタを持ち、それぞれはクラスのように同じ名前を持つ
- オブジェクトはそれ自身の変数を含む。これらはメンバ変数と呼ばれる
- オブジェクトはそれ自身の関数を含む。これらはメンバ関数と呼ばれる
- オブジェクトのメンバ変数およびメンバ関数は、オブジェクト名にドットをつけた後に変数名もしくは関数名を名乗ることによってアクセスできる

表6.5では、最初の2つの関数はコンストラクタであり、後の2つの関数はメンバ関数である。次の例では、コードは表中の最初のコンストラクタを使ってStepperオブジェクトを作っている。その後のスケッチで、loop関数はオブジェクトのメンバ関数の1つを呼び出している。

```
Stepper s = Stepper(200, 6, 5);
……
loop() {
  ……
  s.step(1);
  ……
}
```

最初の行ではStepperコンストラクタを呼び出している。通常の関数のように、コンストラクタは引数を容認して値を返す。この例では、変数はsと名付けられたStepperオブジェクトである。

このオブジェクトは、setSpeed関数とstep関数という2つのメンバ関数を持ち、呼び出すことができる。このコードでは、オブジェクトのstep関数はloop関数内で呼び出されている。

sとstepの間のドットはstepをsオブジェクトのメンバであると識別している。これは注意すべき重要な点で、メンバ関数はそれと関連したオブジェクトでのみ呼び出されなければならない。

Stepper関数

両方のStepperコンストラクタにおいて、最初の引数はモータが回転を完了するために必要なステップ数をセットする。例えば、それぞれの回転でステッピングモータが$1.8°$回転している場合、回転のステップ数は$360° \div 1.8° = 200$である。コンストラクタは、ステップ数がint型で与えられることが必須となる。

コンストラクタ中の他の引数は、ステッピングモータをコントロールするピンがどれかを定義している。モータの種類によるが、2つか4つのピンを接続することになる。この例では6番と5番ピンを指定している。

Stepperオブジェクトが作られた後、setSpeed関数によってモータの指令速度を記述する。1回転あたりのステップ数と1分間あたりの回転数を組み合わせて、プログラムはステップ間の遅れ時間を決定する。

例として、1回転あたり150ステップのモータで、setSpeed関数を使って20 rpmの速度を指令した場合を考える。この場合の設定は、モータを1分間に$150 \times 20 = 3000$ステップ、もしくは1秒当たり50ステップとなる。したがって、ステップ間隔を$1/50 = 0.02$秒ずつ遅らせたプログラムとなる。

表内の最後の関数はstep関数であるが、この関数はステップ数を指定してモータを動作させる。引数が1ならば、モータは1ステップだけ動き、プログラムの次の動作に戻る。1以上であれば、モータは指定ステップ数動作する。なお、プログラムはモータの駆動が完了するまで中断状態となる。引数を負にすると、ステッピングモータは逆転することになる。

6.4.2 ステッピングモータの制御

ステッピングモータには、「バイポーラ結線」と「ユニポーラ結線」という2つの結線方式がある。これらの特徴は次のとおりである。

- バイポーラステッピングモータは4本のケーブル持つ。ユニポーラステッピングモータは5本もしくは6本のケーブルを持つ。

Chapter 6 Arduino Megaによるモータ制御

- バイポーラステッピングモータは2つのHブリッジが必要。ユニポーラステッピングモータ制御はより単純である。
- バイポーラステッピングモータは、通電時にそれぞれの巻線全体を利用するため、非常に効率的である。

バイポーラステッピングモータを利用する際の欠点は2つのHブリッジが必要になることだが、Arduino Motor ShieldのL298PにはHブリッジが2つあり問題にはならない。以降、バイポーラステッピングモータのコントロールを前提に説明する。ユニポーラステッピングモータについても、同様に考えることができよう。巻線の中央の接続を無視し、残りのケーブルをバイポーラステッピングモータと同様に接続することで同様となる。

ステッピングモータは、バイポーラの場合、一般にA/A'とB/B'の2相で構成される。図6.8は、これらの相がモータの巻線および外部接続とどのように関連付けられているかを示している。

図6.7に示したように、モータ巻線AとA'はArduino Motor Shieldの左下角にあるMOT_A＋とMOT_A－端子に接続する。同様に、モータ巻線BとB'はMOT_B＋とMOT_B－に接続される。図6.6を見るとわかるが、これらの端子はモータ電源（A＋）、モータ電源（A－）、モータ電源（B＋）、モータ電源（B－）と名づけられている。

2つのHブリッジの出力はピン12とピン13に該当するDIR_AとDIR_Bで決められる。したがって、これらのピンはStepperコンストラクタに提供されるピンとなる。このことをリスト6.4で示す。

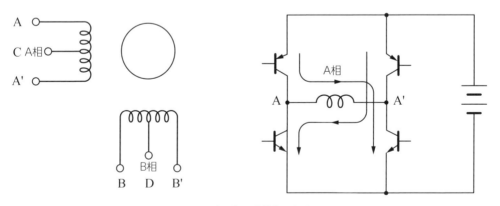

図6.8　バイポーラ結線と回路図

6.4 ステッピングモータの制御

リスト6.4 stepper.ino ステッピングモータの制御

```
/*
This sketch controls a bipolar stepper motor,
stepping ten times in the forward direction and
ten times in the reverse direction.
The steps/revolution is set to 200 (1.8 deg/step)
and the speed is set to 10 RPM.
*/

#include <Stepper.h>

// Set the pin numbers
int pwm_a = 3;
int pwm_b = 11;
int dir_a = 12;
int dir_b = 13;

// Create a stepper object
Stepper s = Stepper(200, dir_a, dir_b);

void setup() {

  // Set speed to 10 revs/min
  s.setSpeed(10);

  // Make sure the two H Bridges are always on
  pinMode(pwm_a, OUTPUT);
  pinMode(pwm_b, OUTPUT);
  digitalWrite(pwm_a, HIGH);
  digitalWrite(pwm_b, HIGH);
}

void loop() {

  // Ten steps in the forward direction
  s.step(10);
  delay(1000);

  // Ten steps in the reverse direction
  s.step(-10);
  delay(1000);
}
```

　DIR_AとDIR_Bに加えて、このスケッチはPWM_AとPWM_Bの値もセットする。これらの信号は、両方のHブリッジが通常どおり機能することを保証するために、HIGHにセットしなければならない。ここで留意すべきは、ステッピングモータをコントロールするときは、PWM信号もしくはブレーキは実のところ必要としない点である。

Chapter 6 Arduino Megaによるモータ制御

6.5 サーボモータの制御

「第5章 サーボモータ」では、サーボモータを利用するほとんどの製品が、コントローラへのフィードバックを提供せずに使われていることを説明した。この節ではArduino Motor Shieldを用いて、これらのホビー用サーボをどのようにコントロールするかを解説する。最初にサーボ用のライブラリと関数について説明し、その後、サーボコントロールのコードを紹介する。

6.5.1 Servoライブラリ

サーボ用ライブラリは、ステッピングモータのライブラリのように基本ライブラリに含まれており、Arduino IDEにプリインストールされている。スケッチからこのライブラリにアクセスするためには、メインメニューの［スケッチ］−［ライブラリを使用］を選び、リストからServoを選択する。すると、次の1文がスケッチの最初に記述される。

```
#include <Servo.h>
```

ステッピングモータ用ライブラリで、Stepperクラスを定義したのと同様に、サーボ用ライブラリでは、Servoクラスを定義する。このクラスにはいくつかのメソッドが含まれている。表6.6にそれぞれについて提示する。

表6.6 Servoライブラリの関数

関数	説明
attach(int pin)	Servoオブジェクトと与えられたピンを関連付ける
attach(int pin, int min, int max)	Servoオブジェクトとピンを関連付けるとともに、最大／最小のサーボ角のパルス幅をセットする
attached()	サーボがピンに接続されていれば1を、されていなければ0を返す
detach()	サーボオブジェクトとピンの関連付けを削除する
write(int angle)	サーボの角度をセットする
writeMicroseconds(int time)	サーボに送るパルス幅信号をセットする
read()	サーボに設定された最後の角度を返す

これらの関数はコンストラクタではないので、これらの関数でServoオブジェクトを作ることはできない。その代わり、Servoオブジェクトは、他の変数と同様に宣言することができる。これは次のように行う。

```
Servo sv;
```

Servoオブジェクトは、モータへのPWM制御信号を送るピンと関連付けられていなければならない。この関連付けは、1つもしくは3つの引数が呼び出されたattach関数によって行われる。

サーボ軸を制御するときに、最小のパルス幅は最小角（大抵は0°）を作りだし、最大のパルス幅は最大角（大抵は180°）を作り出す。attach関数が1つの引数のみ（PWMピン番号）を呼び出した場合、最小パルス幅は544で最大パルス幅は2400である。

attach関数が3つの引数を呼び出した場合は、最初の引数はPWMピン番号を、2番目の引数は最小パルス幅を、3番目の引数は最大パルス幅となる。次のコード例は、svを8番ピンに関連付け、最小／最大パルス幅を900／2100にセットしている。

```
sv.attach(8, 900, 2100);
```

Servoオブジェクトがピンと関連付けられた後に、モータ軸の角度をwrite関数もしくはwriteMicroseconds関数でセットする。write関数は機械角度で指令角度を受け取り、プログラムで適切なパルス幅を決定する。指令パルス幅が既知の場合、writeMicroseconds関数はミリ秒単位のパルス幅を受け取る。

6.6 ロボットアームへの応用

サーボモータを複数利用することで、任意の動きを再現できるロボットアームの模型を作ることができる。簡単なものでは、3つのサーボモータを用いることで、3自由度のロボットアームができあがる。

図6.9で示すロボットアームは、台座、主アーム、先端アームの3か所にサーボモータが取り付けられており、それぞれを独立にコントロールすることによって、サーボモータの可動範囲内で自由な位置に動かすことができる。

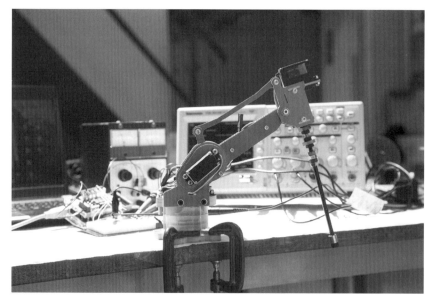

図6.9　Arduino Megaで制御するロボットアーム

このロボットアームを動かすために、前節までに紹介したArduino Megaのサーボライブラリを利用する。サーボモータを動かすためには5〜6 V程度の直流電源が必要となるが、DCモータコントロールのようにMotor Shieldは必要としない。

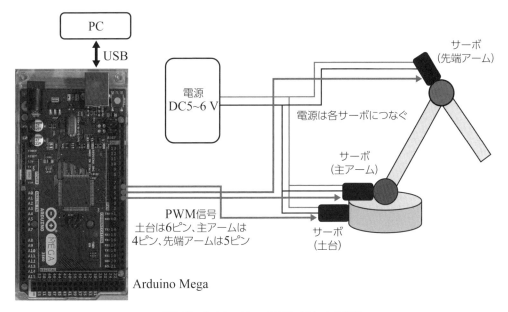

図6.10 Arduino Megaとロボットアームの接続

　それぞれのサーボモータの電源線には直流電源を接続し、制御信号線にはArduino Megaから位置のPWM信号を出力して直接入力すればよい。ただしArduinoボードの保護のためにPWM信号はフォトカプラなどを用いて絶縁しておくことが好ましい。

　ここではロボットアームを以下のように動かすことを考える。

① 台座を90°、主アームを75°、先端アームを0°にセットする（基準位置）
② 台座が90°の位置で主アームを15°まで下ろし、先端アームを60°まで曲げ、1.5秒状態を保つ
③ 主アームと先端アームを元に戻し、台座を30°に回転させ、②と同様に主アームと先端アームを動かす
④ 台座が150°の位置においても同様な動作をさせる
⑤ ①〜④を繰り返す

この動作を実現するプログラムの例が、リスト6.5である。

Chapter 6 Arduino Megaによるモータ制御

リスト6.5 robotarm_test.ino ロボットアームの制御

```
/*

3-axis robot arm sample sketch
base, arm1, arm2
base 90→30→150→90→…
arm1 75→15→75
arm2 0→60→0
 */

#include <Servo.h>

Servo sv_b;        // Servo object base
int angle_b;       // servo's angular position (base)

Servo sv_1;        // Servo object arm1
int angle_1;       // servo's angular position (arm1)

Servo sv_2;        // Servo object arm2
int angle_2;       // servo's angular position (arm2)

void setup() {

  // Attach the Servo object to Pin 6 for base
  sv_b.attach(6, 800, 2200);

  // Attach the Servo object to Pin 5 for arm2
  sv_2.attach(5, 800, 2200);

  // Attach the Servo object to Pin 4 for arm1
  sv_1.attach(4, 800, 2200);

}

void loop() {

  //set base angle to 90deg
  angle_b = 90;
  sv_b.write(angle_b);

  //set arm1, arm2 angle to 75deg, 0deg
  angle_1 = 75;
  angle_2 = 0;
  sv_1.write(angle_1);
  sv_2.write(angle_2);

  arm_move();

  // Base Rotate from 90 to 30 degrees
  for(angle_b = angle_b; angle_b > 30; angle_b--) {
    sv_b.write(angle_b);
```

```
    delay(10);
  }

  arm_move();

  // Base Rotate from 30 to 150 degrees
  for(angle_b = angle_b; angle_b < 150; angle_b++) {
    sv_b.write(angle_b);
    delay(10);
  }

  arm_move();

  // Base Rotate from 150 to 90 degrees
  for(angle_b = angle_b; angle_b > 90; angle_b--) {
    sv_b.write(angle_b);
    delay(10);
  }
}

//Arm1 and Arm2 moving function
void arm_move(){
  // Arm1 Rotate from 75 to 15 degrees
  for(angle_1 = angle_1; angle_1 > 15; angle_1--) {
    sv_1.write(angle_1);
    delay(10);
  }
  // Arm2 Rotate from 0 to 60 degrees
  for(angle_2 = angle_2; angle_2 < 60; angle_2++) {
    sv_2.write(angle_2);
    delay(10);
  }

  //hold position for 1.5sec
  delay(1500);

  // Arm1 Rotate from 60 to 0 degrees
  for(angle_2 = angle_2; angle_2 > 0; angle_2--) {
    sv_2.write(angle_2);
    delay(10);
  }

  // Arm1 Rotate from 15 to 75 degrees
  for(angle_1 = angle_1; angle_1 < 75; angle_1++) {
    sv_1.write(angle_1);
    delay(10);
  }

}
```

Chapter 6 Arduino Megaによるモータ制御

setup関数内では、サーボモータは最小800μs、最大2200μsに定義され、ピン6を土台のサーボに、ピン4を主アームのサーボに、ピン5を先端アームのサーボに定義している。

loop関数内で土台のサーボを10 ms/1°の割合で90°から30°、30°から150°、150°から90°に移動するようになっており、それぞれ移動した後に、主アームおよび先端アームを動かすarm_move関数を呼び出して実行している。

なおarm_move関数はこのスケッチ内で作ったサブルーチン関数である。

arm_move関数は10 ms/1°の割合で主アームを75°から15°に、先端アームを0°から60°まで動かした後、1.5秒姿勢を保持し、元に戻すようになっている。

図6.11にサーボモータを動かしている際のオシロスコープ波形を示す。

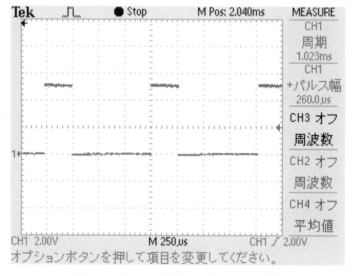

図6.11 ロボットアーム制御時のオシロスコープ波形

本節では前節で紹介したservoライブラリを応用し、複数のサーボモータを動かすことでロボットアームのような複雑な動きを実現することが可能になることを示した。

例としてサーボモータを3個用いた3自由度のロボットアームを示し、例に示すスケッチを用いることで土台、主アーム、先端アームをそれぞれ任意に動かし、任意の位置で姿勢を保持することが可能となる。

6.7 まとめ

　前章まででモータ理論を解説してきたので、いろいろなモータが実際の電子回路でどのようにコントロールされているのかを容易に理解できたのではないだろうか。一般にモータ制御システムを構築するためには多額の金額を必要とするが、Arduino MegaとArduino Motor Shieldを使用することで、比較的安価にモータをコントロールできることを示した。

　本章で解説したように、Arduinoプログラミング環境では、1時間足らずでモータコントロールのスケッチを作成し、コンパイルすることができる。

　Arduino Megaで機能全体を担っているデバイスは、ATmega2560マイコンであり、シングルチッププロセッサの中にすべてのROM、RAMとArduinoスケッチを実行するのに必要な処理能力が包含されている。しかしながらArduino Megaボード自体にはモータをコントロールするパワーエレクトロニクス回路は搭載されていない。

　対照的に、Arduino Motor Shieldはブラシ付きDCモータ、ステッピングモータ、サーボモータを駆動するために設計されている。Arduino Motor Shieldの最重要なデバイスはHブリッジを2つ含むL298Pである。ICチップL298Pにより、Arduino Motor Shieldでモータを停止させたり、PWM信号を送ったり、モータを逆転させる機能を持たせている。さらに、Arduino Megaが供給できる電力以上の電力を供給可能となっている。

　Arduinoプログラミング環境の機能は、ライブラリによって拡張させることができる。本章では、最初にStepperライブラリを説明したが、これはステッピングモータのコントロールを可能にするライブラリである。このライブラリは4つの関数を持ち、そのうち2つはStepperオブジェクトの型で値を返すコンストラクタである。このオブジェクトが作られた後に、メンバ関数であるsetspeed関数とstep関数を呼び出すことができる。

　Servoライブラリの関数は、サーボモータのコントロールを可能にする。コードでコントロールするためには、スケッチでServoオブジェクトを定義し、PWM信号を受け渡すことのできるピンと関連付ける必要がある。このライブラリを使うときに知っておくべき重要なことは、サーボ軸の角度をセットする際に最小パルス幅と最大パルス幅が必要となることである。

Chapter 7

Raspberry Piによる
モータ制御

Chapter 7　Raspberry Piによるモータ制御

　Raspberry Piは、前章で解説したArduino Megaと同じような小型サイズでありながら、PCと同等の演算能力を持っている。さらにArduino Megaよりも小さく性能的には優れているにもかかわらず、これら2つのボードはほぼ同等の価格で販売されている。

　Raspberry Piは正確にいうとシングルボードコンピュータである。マイクロコントローラではなく、Broadcom BCM2835を搭載したコンピュータであり、完全なOSを搭載できるほどのメモリを持っている。

　OSをサポートできる能力を持っていることが最大の強みとなっているが、プログラムがOS上で動作することから、メモリアクセスなど細部の事柄にとらわれることがない。また、多くのRaspberry Piがそうであるように、Linux準拠のOSを使用すれば、新しいプログラミング言語を学ぶ必要もなくなるし、他のシステムで作成したリソースがそのまま使用できる利点もある。

　このような数々の利点を持つ反面、以下の3点が欠点となる。

電力　　　　　　　　　：Arduinoボードの5倍にあたる3Wの電力が必要
アナログ入力を持たない：PWM出力はあってもAD変換機を持っていない
設計の所有権　　　　　：Raspberry Piの設計ファイルは自由に使えない。製品に使用する場合はすべて最初から設計する必要がある

　しかし、これらの欠点もモータを制御する上では障害にならない。本章では、Raspberry PiとRaspiRobot Boardを使って、どのようにサーボモータ、ブラシ付きDCモータ、ステッピングモータを制御するのかを解説する。

7.1　Raspberry Piとは

　Raspberry Piは、クレジットカードと同等サイズであるにもかかわらず、OSが稼動し、モニターにビデオ出力し、イーサネットを通して通信を行えるほどの演算能力を持っている。これらの能力を可能としているのは、高密度集積回路とBCM2835による。

7.1.1 Raspberry Piボード

2012年に初めて供給開始されたのは、「Raspberry Pi 1 Model A」と呼ばれるボードである。その後供給された「Raspberry Pi 3 Model B」は、より多くのコネクターと汎用I/O（GPIO）ピンを搭載している。原著では「Raspberry Pi 1 Model B＋」で説明されているが、訳書では図7.1に示す「Raspberry Pi 3 Model B」について解説する。

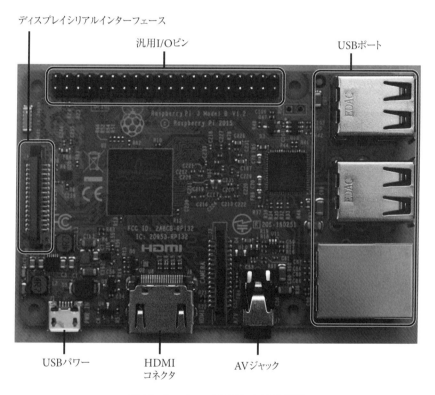

図7.1 Raspberry Pi 3 Model Bの概観

汎用IOピンに加えて、5つのUSBコネクタを持っており、1つはボードにパワーを供給し、その他の4つは外部デバイスと通信するUSBポートとなっている。これらのUSBポートは、キーボードやマウスと接続することを可能としている。また、HDMIコネクタによってモニターの使用を可能とする。

Chapter 7 Raspberry Piによるモータ制御

表7.1　Raspberry Pi 3 Model Bの性能表

パラメータ	値
寸法	85.6×56 mm
定格電圧	5 V
SDRAM	1 GB
不揮発性メモリ	MicroSDカード
汎用IOピン数	40本

　これらのコネクタによってPCと同様に取り扱えるようになっているが、完全に同等の機能を持っているわけではない。しかし、Linux準拠のOSを使用すれば、ユーザプログラムを確実に実行できる。これは以降に解説するプロセッサBCM2837のおかげである。

 ## 7.1.2　BCM2837システムオンチップ

　BCM2837は中央処理装置として機能している。

　BCM2837は2つのプロセッサから構成されていて、数多くの操作で利用されている。2つのプロセッサのうち、1つは汎用データプロセッサであるARM Cortex-A53 (1.2 GHz、クアッドコア) で、もう1つはデュアルコア構成のビデオコアグラフィックスプロセッサである。これらの処理ユニットはコアと呼ばれ、BCM2835は複数コアで構成されているが、より正確にいえばシステムオンチップSoCとなる。このBCM2835の2つのコアの能力を理解することが、Raspberry Piの能力を知ることになる。

ARM1176演算コア

　一般に、プロセッサを製造販売する企業といえばIntelやAMDなどの名前が思い浮かぶだろう。これらの企業は実際にCore i7やAthlonなどのプロセッサを生産しているのに対し、ARMホールディングスは、設計はするが生産はしていない。つまり、BCM2835を例に挙げれば、実際に製造販売しているブロードコムに対して、ARMホールディングスが設計図を販売しているのである。

　ARMコアには数種類のファミリーがあるが、ARM11ファミリは2002年にリリースされた。このプロセッサは32ビットで、処理速度は750 MHzから1 GHzまである。Raspberry Piで使用されているARM1176はこのファミリに属する。

ARM11プロセッサを使う利点の1つは、SIMD (Single Instruction Multiple Data) 処理ができることであり、VFP (Floating Point Accelerator) コプロセッサを持ち、複数の浮動小数点演算を同時に行うことができる。このコプロセッサは、オーディオやビデオの演算をする場合には、きわめて重要な働きをする。

ビデオコアIVグラフィック処理コア

Raspberry Piは驚くほどのグラフィックス能力を持っている。Raspbian OSは、このような小型ボードでは不可能と思えるような洗練されたデスクトップ環境を提供している。この信じられないような処理能力は、デュアルコアのVideoCore IVで作り出されている。ARMホールディングスは、以下の処理を行うコアも設計している。

- HD 1080Pのディスプレイ表示
- 3Dレンダリング高速アンチエイリアスのサポート
- 16ビット高ダイナミックレンジ (HDR) のグラフィックスのレンダリング
- OpenGL-ES 1.1および2.0規格のフルサポート

原著者は、OpenGL-ES 1.1のアプリケーション開発に関わった経験から、OpenGL-ES 1.1が求める非常にハイパワーのグラフィックス性能が、Raspberry Piのような低電力チップで実現されていることは驚きであるとしている。

7.2　Raspberry Piのプログラミング

Raspberry Pi上のプログラム作成方法は、普通のPCの場合と変わらない。違いがあるとしたら、初めにOSをRaspberry Piへダウンロードしてインストールしなければならないくらいである。Raspberry Piは、ボード背面にあるソケットに挿入されたMicroSDカードからOSを利用する。なお、MicroSDカードは別売だが、相性問題もあり、以下のページで対応するカードを探すとよい。

> **RPi SD cards**
> https://elinux.org/RPi_SD_cards

Chapter 7 Raspberry Piによるモータ制御

Fedora (Pidoraと呼ばれる)、Arch Linux、Debian (Raspbianと呼ばれる) など、多くのOSがRaspberry Piで使用できるようになっているが、ラズベリーパイ財団ではRaspbianを推奨している。Raspbianは、Debianのほとんどの機能を有し、開発に必要なユーティリティを提供している。

本書では、Raspbian環境の概要を説明した上で、Python言語によるプログラミング方法と実行方法、およびPythonによる汎用IOピンへのアクセス方法を説明する。

本章の最後では、Raspberry PiによるPWMパルスの発生方法を説明して、モータ制御を実現してみたい。

7.2.1 Raspbianの概要

OSをインストールしてからHDMIを通してディスプレイにつなぐ。図7.2はRaspberry Pi上にRaspbianをインストールしたデスクトップ画面である。

図7.2 Raspbianのデスクトップ画面

Raspbian上でアプリを実行するには、WindowsやmacOSと同じように、メニューから選ぶか、デスクトップ上に置いたアイコンをダブルクリックすればよい。以下が初期状態で提供されているアプリである。

Midori ：軽量化されたWebブラウザ
IDLE ：Python 2.xのプログラミング環境
IDLE 3 ：Python 3.xのプログラミング環境
LXTerminal：コマンド入力用の端末

LXTerminalでは、Linuxの標準的なユーティリティ(ls、cd、cat、rmコマンドなど) を使用できる。なお、本章で覚えておく必要があるアプリはIDLE 3だけである。以降、プログラムをどのように編集してコンパイルし、実行するのかを説明する（訳注：原著ではPython 2.xを使っているためIDLEを利用しているが、現在周辺機器用に提供されているライブラリがPython 3.x用しかないため、訳書ではIDLE 3を利用する）。

7.2.2　PythonとIDLE

Raspberry Piは、Python、C、C++、Java、Rubyなど多くのプログラミング言語をサポートしているが、ラズベリーパイ財団では、広く使用されているPythonを推奨している。ここではPythonのすべてを解説することはできないので、興味があればオンラインブックである「Python for you and me」(http://pymbook.readthedocs.io) を参照してほしい。

Raspberry Piでは、Python 2.x用の「IDLE」とPython 3.x用の「IDLE 3」という2つの開発環境を用意している。訳注にて前述したが、ここではIDLE 3を利用する（図7.3）。

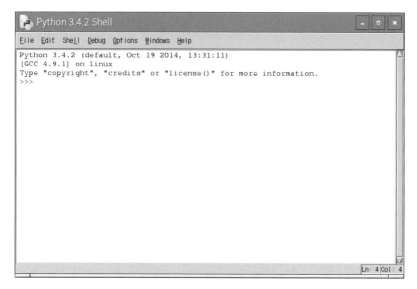

図7.3　Python統合開発環境

Chapter 7 Raspberry Piによるモータ制御

　この最初のウィンドウは、Pythonコマンド入力用のシェルを提供している。例えば2+2と入力すれば、このシェルは4と応答する。
　Pythonを有効活用するためには、スクリプトと呼ばれるファイルにコードを記述すればよい。IDLE 3でスクリプトを作成するには、メインメニュー上の［File］－［New File］を選択するか、Ctrlキーを押しながらNキーを押す。この操作によって編集ウィンドウが開いてスクリプトを記述できるようになる。図7.4に、この編集ウィンドウがどのように見えるかを示した。

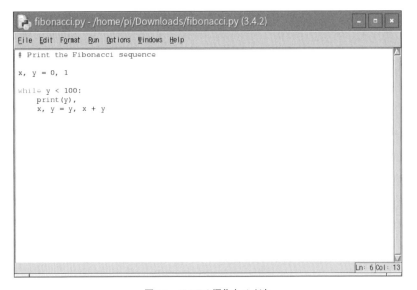

図7.4　IDLE 3編集ウィンドウ

　IDLE 3の編集ウィンドウでは、構文を色分けするだけでなく、プログラミングのための機能が標準で用意されている。

スクリプトのエラーチェック　：［Run］－［Check Module］を選択あるいはAltキーを押しながらxキーを押す
スクリプトの保存　　　　　　：［File］－［Save］を選択あるいはCtrlキーを押しながらsキーを押す
スクリプトの実行　　　　　　：［Run］－［Run Module］を選択あるいはF5キーを押す

Pythonのスクリプトが実行されると、その結果が最初のシェルウィンドウに出力される（図7.5）。なお、エラーがあった場合、そのエラーの内容についても表示される。

図7.5　スクリプトの実行結果

Pythonを利用すれば、ネットワーク、USB、グラフィックスなどのRaspberry Piのリソースにアクセスできる。しかしモータを制御するためには、汎用IOピンにアクセスする必要がある。以降、その方法を解説する。

7.2.3　汎用IOピンへの接続

回路基板の上部に、外部回路に接続できる40ピンのコネクタがあり、そのうち26個のピンが汎用IOピンとして使用できる。図7.6にそれらがどのように配置されているか番号をつけて示した。

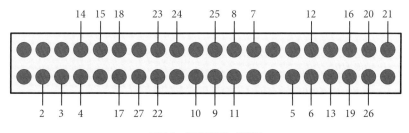

図7.6　汎用IOピンの配置

Chapter 7 Raspberry Piによるモータ制御

Pythonには、これらの汎用IOピンに接続するために、次の2つのソフトウェアモジュールが用意されている。

RPi.GPIO：https://sourceforge.net/projects/raspberry-gpio-python/ より入手
　　　　　　（MITライセンス）

RPIO　　：https://pythonhosted.org/RPIO/ より入手（GPL3ライセンス）

どちらのモジュールでも汎用IOピンの設定とデジタル量での読み書きを可能とする。RPi.GPIOはRaspberry Piに標準にインストールされているが、原著出版段階では、RPIOのみがハードウェアとしてPWMパルスの出力が可能となっている。PWMはモータ制御の中心であり、本書の解説ではRPIOのみに依存しているため、以下の方法でインストールする必要がある。

```
sudo apt-get install python-dev python-pip
sudo pip install -U RPIO
```

インストール後は、import RPIOという文を使ってPythonと接続する。表7.2にGPIO関連の関数を示した。

表7.2　GPIO関連の関数

関数名	機能
setmode(int num_mode)	ピン番号付けの方法を識別する
setup(int pin, int mode)	ピンを入力または出力として構成する
setup(int pin, int mode, int res_mode)	ピンの入出力を指定して、プルアップ抵抗あるいはダウン抵抗を接続する
output(int pin, int level)	ピンのロジックレベルをRPIO.HIGHまたはRPIO.LOWに設定する
input(int pin)	指定されたピンのロジックレベルを読み込む
cleanup()	ピンを初期状態に設定する
add_interrupt_callback(int pin, callback_func,edge='both', pull_up_down=RPIO.PUD_OFF, threaded_callback=False, debounce_timeout_ms=None)	コールバック関数を、指定されたピンと指定された基準を満たすイベントに関連付ける
wait_for_interrupts(threaded=False, poll_timeout=1)	割り込みが発生するまで処理を停止する
del_interrupt_callback(int pin)	ピンに関連付けられたコールバックを削除する

7.2 Raspberry Piのプログラミング

この表の最初の関数が特に重要である。Raspberry Piでは、汎用IOピンに対して次の2種類の番号付け方法がサポートされている。

RPIO.BOARD：ボード上のピン番号（機能の種類問わず、左下が1、右上が40で連番）で指定

RPIO.BCM：RPIOの中で機能に定義された番号で指定（例えばBOARDで7と指定するピンは、汎用IOの4番となるため、BCMでは4となる）

setmode関数は、どちらの番号付け方法を指定するのかを決める関数である。RPIO.BCMのほうが、図7.6で示した外部装置とのインターフェイスがわかりやすい。そのため、本章ではこの番号付け方法を利用し、すべてのコードは次の行から始まる。

```
RPIO.setmode(RPIO.BCM)
```

表7.2で示した他の関数は、入出力の範疇に入るものとイベントに関するものとの2つのグループに分かれる。

入出力ピン

汎用IOピンの番号付け方法を指定した後は、どのピンを入力に割り当てて、どのピンを出力に割り当てるかを設定する。その方法だが、setup関数の引数として、ピン番号とRPIO.IN（入力に指定）またはRPIO.OUT（出力に指定）を指定する。次のコード例は汎用IOピン24番を出力ピンとして設定するものだ。

```
RPIO.setup(24, RPIO.OUT)
```

ピンを出力用に設定した場合、その論理レベルは出力関数で設定される。これにより指定したピンと論理レベルが一致することになる。論理レベルがRPIO.HIGHまたは1に設定されている場合、ピンの電圧は3.3Vに設定され、論理レベルがRPIO.LOWまたは0に設定されている場合、ピンの電圧は0Vに設定される。

ピンを入力用に設定した場合、その論理レベルは入力関数で設定される。その引数はピン番号だけとなる。筆者のテストでは、ピンの電圧が1.6Vより大きい場合に1を返し、電圧が0.6

Chapter 7 　Raspberry Piによるモータ制御

～0.7V未満の場合は0を返し、電圧が0.7～1.6Vの場合は測定不可だった。

　リスト7.1のスクリプトは、設定、入力および出力の実際例である。このスクリプトでは汎用IOピン17番から入力値を読み取り、汎用IOピン24番に出力値を設定している。

リスト7.1　check_input.py 　ピンの論理レベル確認

```python
"""
This code repeatedly checks the logic level of in_pin.
If the level is low, out_pin is set high and the reading continues.
If the level is high, the script completes.
"""
import RPIO

# Set input pins
in_pin = 17;
out_pin = 24;

# Specify use of BCM pin numbering
RPIO.setmode(RPIO.BCM)

# Configure pin directions
RPIO.setup(in_pin, RPIO.IN)
RPIO.setup(out_pin, RPIO.OUT)

# Wait for in_pin to reach low voltage
while(RPIO.input(in_pin) == RPIO.LOW):
    RPIO.output(out_pin, RPIO.HIGH)

# Return pins to default state
RPIO.cleanup()
```

　このスクリプトでは、whileループの繰り返しごとに入力ピンの状態をチェックし、ピンのレベルがLOWになったときに出力ピンの電圧をHIGHに設定する。このループは、入力ピンの電圧がHIGHになるまで実行される。

　デフォルトでは、入力ピンの論理レベルはフローティングとなっている。つまり、ランダムにHIGHまたはLOWを取る可能性があるため、オプションの第3引数を指定して初期の論理レベルを設定する。この第3引数では、pull_up_down変数を3つの値のいずれかに設定する。

　　RPIO.PUD_UP 　　　：プルアップ抵抗をピンに接続
　　RPIO.PUD_DOWN：プルダウン抵抗をピンに接続
　　RPIO.PUD_OFF 　　：ピンをプルアップとプルダウン抵抗のどちらにも接続しない（デフォルト）

次のスクリプト例では、汎用ピン17番を、プルアップ抵抗を介して電源に接続された入力ピンとして機能するように設定している。

```
RPIO.setup(17, RPIO.IN, pull_up_down=RPIO.PID_UP)
```

リスト7.1では、最後の関数がcleanup関数であり、これによりすべての汎用IOピンがデフォルトの設定に戻る。

インタラプトの処理

表7.2の未説明の関数はインタラプトに関するものである。インタラプトとは、実行中の処理を停止させたり、インタラプトが発生した場合に特定の処理ルーチンを実行させたり、元の処理に戻したりする、つまり状態変化のことである。RPIOは、ネットワークインタラプトと汎用IO割り込みの2種類のインタラプトを処理できる。以降でインタラプトに関する解説をする。

add_interrupt_callback関数は、特定のタイプのイベントに対してピンを監視する必要があることをRPIOに通知する。この関数には6つの引数があるが、最初の2つは必須で、その後の4つはオプションとなる。

第1引数「int pin」：監視されるGPIOピン

第2引数「callback_func」：割り込みを処理する関数名

第3引数「edge='タイプ名'」：論理レベルの変更のタイプ

  rising ピンのロジックがLOWからHIGHに変化（立ち上がりエッジ）
  falling ピンのロジックがHIGHからLOWに変化（立ち下がりエッジ）
  both 立ち上がりと立ち下がりの両方

第4引数「pull_up_down=接続方法」：電源/グランドへの入力ピンの接続

  RPIO.PUD_UP プルアップ抵抗をピンに接続
  RPIO.PUD_DOWN プルダウン抵抗をピンに接続
  RPIO.PUD_OFF ピンをプルアップとプルダウン抵抗のどちらにも接続しない（デフォルト）

第5引数「threaded_callback=真/偽」：処理関数のスレッド内での実行方法

  True 割り込み処理関数を別のスレッドで呼び出す
  False 現在のプログラムを停止し、割り込み処理機能を実行

第6引数「debounce_timeout_ms=秒数」：割り込みと割り込みの間に許容される最小秒数

Chapter 7 　Raspberry Piによるモータ制御

　必須となる2つの引数のうち、2番目の引数は割り込みを処理するためにどの関数を呼び出すべきかを指定している。この関数はコールバック関数またはコールバックと呼ばれ、RPIOは2つの引数を渡すピン番号で、そのイベントが「立ち上がりエッジ (1)」か「立ち下がりエッジ (0)」かどうかを識別する整数を与える。

　割り込みとコールバックはわかりにくい概念なので、スクリプト内での設定方法と使用方法をリスト7.2に示す。このスクリプトは汎用ピン17番を監視し、イベントに応じて異なるコールバックを呼び出している。

リスト7.2　interrupt.py　論理レベル変更への対応

```python
"""
This code sets up interrupt handling for Pin 17.
A change in the logic level executes a callback
that prints a message.
"""
import RPIO

def edge_detector(pin_num, rising_edge):
    if rising_edge:
        print("Rising edge detected on Pin %s" % pin_num)
    else:
        print("Falling edge detected on Pin %s" % pin_num)

# Define input pin
in_pin = 17

# Specify use of BCM pin numbering
RPIO.setmode(RPIO.BCM)

# Configure pin direction
RPIO.setup(in_pin, RPIO.IN)

# Configure interrupt handling for rising and falling edges
RPIO.add_interrupt_callback(in_pin, edge_detector, edge='both')
RPIO.wait_for_interrupts()

# Return pin to default state
RPIO.del_interrupt_callback(in_pin)
RPIO.cleanup()
```

　add_interrupt_callback関数によりコールバックを設定した後、wail_for_interrupts関数を呼び出す。もしこの制御文なしにインタラプトが読み出された場合は、インタラプトが起

こるまでプログラムを停止する。しかし、最初の引数がTRUEに設定されていると、待機はバックグラウンドスレッドで実行される。以下のプログラムがこの働きを示している。

```
RPIO.wait_for_interrupts(threaded=TRUE)
```

表7.2の最後のdel_interrupt_callback関数は、指定したピン番号のコールバックをすべて削除する。

7.3 サーボモータの制御

第5章で解説したように、趣味用のサーボモータは、パワー供給、グランド、制御信号の3本のリード線で制御される。PWMによって決められたパルスをコントロールピンに入力すれば、サーボモータシャフトの回転角を指定できる。以降、Raspberry PiでPWMパルスを生成する方法とサーボモータの制御法を解説する。

7.3.1 PWMの設定

　PWMは、一定の区間にパルス幅を可変したパルスを発生することでモータを制御する。RPIOは、プロセッサのDMA（Direct Memory Access）機能を使ってパルスを発生させるPWMモジュールを持っている。

　この低レベルDMAアクセスにより、通常の処理に割り込みをかけることなくPWM信号を発生できる。利用する際もDMAがどのように処理されているかを理解する必要はなく、以下の2つの重要な事柄を知っていれば十分である。

- RPIOは、0〜14の15個のDMAチャンネルへのアクセスを可能とする
- DMAチャンネルは、1つまたは複数のGPIOピンに関連付けられ、その関係が成立した後は高精度および高分解能でこれらのピンにパルスを出力できる

表7.3に、RPIO.PWMで供給されるPWM関数（一部）を示す。

Chapter 7 Raspberry Piによるモータ制御

表7.3 PWMモジュールの関数

関数名	機能
setup(pulse_incr_us=10, delay_hw=0)	DMAチャンネルを初期化する
init_channel(int dma_channel, subcycle_time_us=20000)	基準サイクルを特定時間（デフォルトでは20ミリ秒）に設定する
add_channel_pulse(int dma_channel, int pin, int start, int width)	指定された幅のパルスを設定する
clear_channel(int dma_channel)	チャンネルからすべてのパルスをクリアする
clear_channel_gpio(int dma_channel, int pin)	チャンネルから指定されたピンのパルスをクリアする
cleanup()	PWMとDMAを停止する

　最初のsetup関数は、表7.3のどの関数よりも先に読み出さなければならない。引数はオプションとなるが、第1引数はパルス幅の分解能を決定する。これは1に設定することを推奨する。第2引数はdelay_hw=0を指定するとPWM.DELAY_VIA_PWMとなり、1を指定するとPWM.DELAY_VIA_PCMとなり、これらのどちらかに設定する。

　その後、init_channel関数で使用するチャンネルを設定する。第1引数でチャンネル番号を指定するが、これは0から14までのどの番号を指定してもよい。第2引数では、パルス間のサイクル時間を決定する。初期値は20ミリ秒に設定されていて、多くのサーボモータの設定に合致している。

　最も重要な関数はadd_channel_pulse関数であり、ここで指定したピンにパルスを出力する。最初の2つの引数でDMAチャンネルと汎用IOピン番号を指定する。3番目と4番目の引数でパルスの形を指定する。第3引数では開始からパルスが出るまでの時間を設定し、第4引数でパルス幅を指定する。図7.7にパルスの様子を示す。

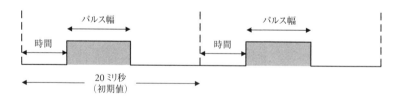

図7.7　BPIO.PWMによるパルスの発生

　第3引数のstartの設定は、パルスごとに同じ遅れを生じさせるだけでは無意味に見えるが、複数のパルスを一定の間隔で発生させたい場合には有効となる。例えば、以下のスクリプトでは、

DMAチャンネル5と汎用IOピン18番に2つのパルスを発生させる。この2つのパルス幅は2ミリ秒であり、1番目のパルスと比べて2番目のパルスは8ミリ秒遅れる。

```
PWM.add_channel_pulse(0, 18, 0, 1000)
PWM.add_channel_pulse(0, 18, 8000, 1000)
```

表7.3に示した最後の3つの関数は、PWM信号が不要になったときに重要になる。clear_channel関数は、指定されたDMAチャンネルからすべてのパルスをクリアし、clear_channel_gpioは特定の汎用IOピンのDMAパルスをクリアする。cleanup関数は、すべてのPWMとDMAの動作を停止する。

リスト7.3のスクリプトは、Raspberry PiでPWM信号を生成する方法を示している。DMAチャンネル0を初期化し、汎用IOピン18番にパルス幅1000ミリ秒のパルスを送る。

リスト7.3　pwm.py　PWM信号の生成

```
"""
This code generates a pulse-width modulation (PWM)
for Pin 18 whose pulses have a width of 1ms.
"""

import RPIO.PWM as PWM
import time

# Define PWM pin
pwm_pin = 18

# Initialize DMA and set pulse width resolution
PWM.setup(1)

# Initialize DMA channel 0
PWM.init_channel(0)

# Set pulse width to 1000us = 1ms
PWM.add_channel_pulse(0, pwm_pin, 0, 1000)

time.sleep(10)

# Clear DMA channel and return pins to default settings
PWM.clear_channel(0)
PWM.cleanup()
```

このスクリプトが実行されると、RPIOは以下のようなメッセージをコンソールに出力する。

```
Using hardware: PWM
PW increments: 1us
Initializing channel 0...
add_channel_pulse: channel=0, start=0, width=1000
init_gpio 18
```

パルスを発生させるだけでは十分ではなく、スクリプトでは出力ピンにマルチパルスを供給するためにディレイがなければならない。これはリスト7.3で示したようにsleep関数で実現できる。time.sleep(10)で10秒のディレイを設定している。

7.3.2　サーボ制御

PWMモジュールは、Servoと呼ばれるサーボモータの制御に特化した2つのモジュールを持っている。

- **set_servo(int pin, int width)**：指定されたピンにパルスが指定された幅（マイクロ秒）を持つPWM信号を出力する
- **stop_servo(int pin)**：指定されたピンのPWM信号を停止する

これらのモジュールを使用する利点は、DMAをイニシャライズしたりチャンネルを指定したりする必要がないことである。つまり、PWM.setupやPWM.initを呼び出す必要がないことを意味している。

Fitec社のFS5106Bサーボモータを使って、これらのモジュールの動作を調べてみる。ここでは他のサーボモータと同様に、20ミリ秒のインターバルを持ったコントロールパルスを要求する。モータシャフトは、0.7ミリ秒のパルスが与えられた場合に最小の角度回転し、2.3ミリ秒のパルスで最大の角度回転する。また1.5ミリ秒でニュートラル位置に戻る。

リスト7.4は、FS5106Bサーボモータをコントロールするために、set_servo関数とstop_servo関数をどのように使うのかを示したスクリプトである。このスクリプトでは、サーボモータを最小回転角から最大回転角まで回転させ、最後に最小角位置に戻す制御を行っている。

リスト7.4　servo.py　サーボモータの制御

```
"""
This code controls a servomotor, rotating from
the minimum to maximum angle and back.
"""

import RPIO.PWM as PWM
import time

# Define control pin and pulse widths
servo_pin = 18
min_width = 700
max_width = 2300

# Create servo object
servo = PWM.Servo()

# Set the angle to the minimum angle and wait
servo.set_servo(servo_pin, min_width)
time.sleep(1)

# Rotate shaft to maximum angle
for angle in xrange(min_width, max_width, 100):
    servo.set_servo(servo_pin, angle)
    time.sleep(0.25)

# Rotate shaft to minimum angle
for angle in xrange(max_width, min_width, -100):
    servo.set_servo(servo_pin, angle)
    time.sleep(0.5)

# Stop delivering PWM to servo
servo.stop_servo(servo_pin)
```

　都度set_servo関数が呼び出され、time.sleep関数がディレイとして読み出されている。このディレイによってモータが動作する十分な時間が与えられる。

7.4 RaspiRobot Board

　Raspberry Piが世界的に普及しているため、その機能を拡張させるための拡張ボードも数多くの会社が販売している。PiFace社は、スイッチ、リレー、LEDなどのボードを供給している。PiRack社はRaspberry Piに接続可能なコネクタを持ったボードを製品化している。

　本節で紹介するRaspiRobot Boardは、Raspberry Piでモータを制御できるようにする拡張ボードである(図7.8)。

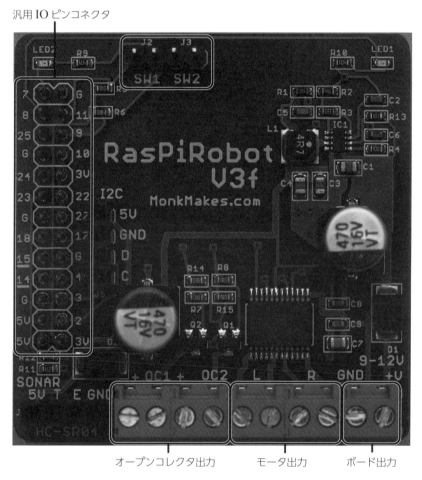

図7.8　RaspiRobot拡張ボード

7.4 RaspiRobot Board

汎用IOピン接続	：Raspberry Pi本体のIOと接続するためのピン。このピンとRaspiRobot Boardの信号入力が接続されている
オープンコレクタ出力	：最大2Aまでの出力が得られるオープンコレクタ出力端子。ハイパワーLEDやリレー、センサなどを動かすために使用できる
モータ出力	：モータと接続するための端子
ボード電源	：ボードの電源（モータ駆動に使う電源）を入力する端子

　下側に見えるねじ端子は、モータ接続用に使用され、左から4つあるねじ端子は、オープンコレクタ出力端子で、その右側4つは2つのDCモータまたは1つのステッピングモータを接続するために使われる。その端子は、L293DDの2つのHブリッジ回路を持つICに接続されている。一番右の2つのねじ端子は、モータ駆動用の電力を供給する。電圧は7〜12Vである。

　RaspiRobot Boardの機能を利用するには、周辺機器がRaspberry Piの汎用IOピンとどのように接続されるのかを知る必要がある。表7.4に、RaspiRobot Boardの信号名と対応する汎用IOピン番号を示す。

表7.4　RaspiRobot Boardの信号名と対応する汎用IOピン番号

RaspiRobot Board信号名	汎用IOピン番号	説明
RIGHT_PWM_PIN	14	右側PWM信号
RIGHT_1_PIN	10	右モータ用のPWM信号
RIGHT_2_PIN	25	右モータの方向を制御
LEFT_PWM_PIN	24	左側PWM信号
LEFT_1_PIN	17	左モータ用のPWM信号
LEFT_2_PIN	4	左モータの方向を制御
SW2_PIN	9	スイッチ2に接続
LED1_PIN	7	LED 1に接続
LED2_PIN	8	LED 2に接続
OC1_PIN	22	オープンコレクタ出力1
OC2_PIN	27	オープンコレクタ出力2
OC2_PIN_R1	21	オープンコレクタ抵抗出力1
OC2_PIN_R2	27	オープンコレクタ抵抗出力2
TRIGGER_PIN	18	ソナー用のトリガーパルスを送信
ECHO_PIN	23	ソナーエコーを受信する

　最初の4つの信号はモータ制御に使用し、ボードのモータ駆動用ICであるL293DD Quadruple Half-H Driverに接続されている。このICは、モータを駆動するLEFT_MOT＋、

Chapter 7 Raspberry Piによるモータ制御

LEFT_MOT−、RIGHT_MOT＋、およびRIGHT_MOT−を出力する。以降、ブラシ付きDCモータとステッピングモータを制御するスクリプトについて解説する。

7.4.1　L293DDICの概要

Hブリッジインバータの正逆駆動の原理については説明済みだが、Hブリッジをディスクリート素子で構成するよりも、小容量の場合はIC化したほうが使いやすい。L293はこのような目的で使用するうえで汎用性のあるICであり、多くの会社から相当品が販売されている。

このICは20ピンの表面実装素子で2つのHブリッジ回路から構成されている。したがって、2つのHブリッジ用として8つの入力・出力を持っている。

図7.9にHブリッジ回路の半分を示す。

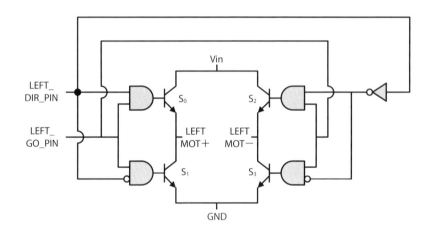

図7.9　Hブリッジ回路

LEFT_GO_PINがLOWであれば、スイッチ（S0〜S3）すべてがオフ状態となってモータを駆動できなくなる。LEFT_GO_PINはコントローラからのPWM信号によってパワー素子を制御してモータの入力電圧を制御する。PWMのデューティー比が高いほど、スイッチがオンとなる時間が長くなりモータに印加される電圧が高くなる。

回転方向はLEFT_DIR_PINで決定し、LEFT_GO_PINをHIGHにすると、LEFT_DIR_PINがHIGHでS0とS3がオンとなり、LEFT_MOT＋が電源に、LEFT_MOT−がグランド接続される。もしLEFT_DIR_PINがLOWであれば逆に接続されることになって、LEFT_DIR_PINの論理により正逆転が決定される。

7.4.2 RaspiRobot BoardのPythonスクリプト

RaspiRobot Boardの機能は、前述したように汎用IOピンとPWM関数を使って使用するが、より簡便な方法が用意されている。RaspiRobot Boardの設計者であるSimon Monk氏が、Raspberry PiとRaspiRobot Board用に簡素化したPythonモジュール「rrb2.py」を提供している。このモジュールは以下のURLから自由にダウンロードできるようになっている。

simonmonk / raspirobotboard2
https://github.com/simonmonk/raspirobotboard2

このモジュールには、RaspiRobot BoardのスイッチやLEDなどのデバイスを操作するRRB2と呼ばれる広範囲の手段が提供されている。ここでは6つの関数が用意され、2つのDCモータを駆動することが可能となる。表7.5に、その6つの関数を示す。

表7.5 RRB2クラスのモータ制御関数

関数	説明
forward(seconds=0, speed=0.5)	モータを指定された時間だけ所定の速度で正方向に駆動させる
reverse(seconds=0, speed=0.5)	モータを指定された時間だけ所定の速度で逆方向に駆動させる
left(seconds=0, speed=0.5)	モータを指定された時間だけ所定の速度で正方向に駆動させる
right(seconds=0, speed=0.5)	モータを指定された時間だけ所定の速度で逆方向に駆動させる
stop()	モータを停止させる
set_motors(float left_pwm, int left_dir, float right_pwm, int right_dir)	モータ制御に使用するピンを指定する

最初の4つの関数には2つの同じ引数があり、それはPWMデューティーサイクルに関係する秒単位の時間と速度である。速度のパラメータは0（0V出力）から1（全電圧出力）の間の値となる。

最後のset_motors関数は、2つのモータの回転方向を指定する。引数の最初の1組は、左のモータにデューティー比と回転方向を設定し、次の1組は右のモータに同様の設定を行う。設定が0のときに正転となり、1のときに逆転となる。

RRB3のクラスの中には、robotboardのピンに関する変数が定義されている。

表7.4左側の名前と同じものとなっており、この名前を指定することで、その名前で使用されているピンの番号を呼び出すことができる（例えば、RIGHT_2_PINは右側モータの方向を

Chapter 7　Raspberry Piによるモータ制御

制御する信号が出力されるピンであるが、その名前を指定することでピン番号である25を呼び出すことができる)。

7.4.3　DCモータの制御

　RRB2クラスを使うと、モータが同一の端子に接続されている限り、2つのモータの制御が可能となる。リスト7.5は、RaspiRobot Boardを使うと、どのようにコントロールされるかを示したものである。このスクリプトでは、正転5秒／逆転4秒／左3秒／左2秒の動作を行わせている。

リスト7.5　brushed.py　2つのブラシ付きモータの制御

```python
"""
This program controls two brushless DC motors:
Forward for five seconds, backwards for four seconds,
right for three seconds, and left for two seconds.
"""

import rrb2

# Create RRB2 object
robot = rrb2.RRB2()

# Rotate forward for five seconds
robot.forward(seconds=5, speed=1.0)

# Rotate backward for four seconds
robot.reverse(seconds=4, speed=0.8)

# Turn left for three seconds
robot.left(seconds=3, speed=0.6)

# Turn right for two seconds
robot.right(seconds=2, speed=0.4)

# Stop motor
robot.stop()
```

　このようにスクリプトが直感的でわかりやすくなる。

7.4.4 ステッピングモータの制御

RaspiRobot Boardにはステッピングモータに対する特別の機能は提供されていないが、表7.5に示したset_motors関数を利用すれば制御可能となる。スクリプトの詳細に入る前に、第4章で解説したステッピングモータの駆動法を復習しておく。

ステッピングモータの制御の基礎

RaspiRobot Boardは2つのHブリッジを持ち、モータを制御するための4つの端子を持っている。これを利用し、2相ステッピングモータの2つの相をそれぞれのHブリッジで制御する。

ステッピングモータはA/A'とB/B'の2相で構成される。これらの巻線は、1相を励磁しているときに他の相を励磁しないようにする。つまり、最初の相の励磁を切ってから次の相を励磁することで駆動可能となる。

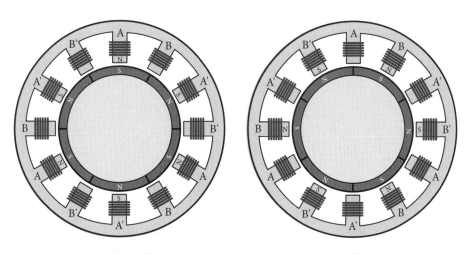

(a) A相を励磁　　　　　　　　(b) B相を励磁

図7.10　ステッピングモータの制御

図7.10 (a) でA/A'巻線のA相がN極に、A'相がS極になるように励磁されている。B/B'巻線は励磁されていない。その後set_motors関数が正しい励磁シーケンスを呼び出すと、ステッピングモータはステップ角だけステップする。リスト7.6に、この駆動をどのように記述するのかを示した。

Chapter 7 Raspberry Piによるモータ制御

リスト7.6　stepper.py　ステッピングモータの制御

```python
"""
This program controls a stepper motor by
energizing its phases in a given sequence.
"""

import rrb2
import time

# Create RRB2 object
robot = rrb2.RRB2()

# Set number of repetitions and step delay
num_reps = 10
step_delay = 0.4

# Repeat the energizing sequence num_reps times
for x in range(0, num_reps):

    robot.set_motors(1.0, 1, 0.0, 0)
    time.sleep(step_delay)

    robot.set_motors(0.0, 0, 1.0, 1)
    time.sleep(step_delay)

    robot.set_motors(1.0, 0, 0.0, 0)
    time.sleep(step_delay)

    robot.set_motors(0.0, 1, 1.0, 0)
    time.sleep(step_delay)

# Stop motor
robot.stop()
```

このスクリプトでは、PWMデューティーは、励磁をするときに1に、励磁をしないときは0にセットされる。

7.5 模型機関車への応用

前節で紹介したRaspiRobot Boardを応用して、鉄道模型（Nゲージ）を動かすことができる。

この鉄道模型は、車両に直流モータが搭載されており、線路から電力の供給を受ける。

線路に供給された最大直流12Vの電源で走らせることができ、供給する電圧を可変すること、および電圧の向きを変えることによって車両の速度および走行方向を調整することができる。

RaspiRobot Boardは2つのDCモータを任意に動かせることを利用して、ボードのそれぞれのDCモータ出力をそれぞれ線路に接続し、2つの線路を走る車両を1つのボードで制御する。

模型運転には、Raspberry Pi 3とRaspiRobot Boardを使用する。Raspberry Pi 3とRaspiRobot BoardのI/Oピンを合わせて接続し、RaspiRobot Boardのボード電源にDC12Vを入力する。

LとRの2つあるモータ出力を、それぞれNゲージ線路のフィーダーに接続する。このボードをrrbライブラリを用いてプログラミングし、動かすことで、模型車両を任意の方向に、任意の速度で動かすことができるようになる。

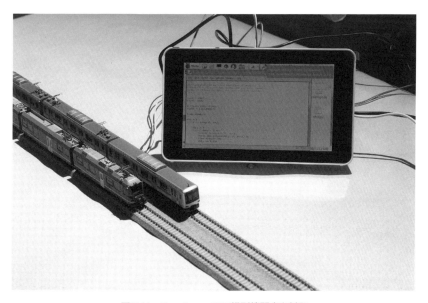

図7.11　Raspberry Piで模型機関車を制御

Chapter 7 Raspberry Piによるモータ制御

ここでは2つの線路にそれぞれ止まっている模型車両を次のように動かすことを考える。

① 車両は一方の線路の始端と、もう一方の線路の終端に停車しているものとする

② お互いの車両がすれ違うように、車両をゆっくり加速させ、一定速度まで加速させる

③ 一定速度で一定時間運転したのち、車両を減速させ停車させる

④ 一定時間停車させたのち、車両を同様に逆方向に走らせ、停車させる

⑤ ①〜④を決められた回数繰り返し、車両を往復させる

この動作を実現するプログラムの例が、リスト7.7である。

リスト7.7　n-gauge_test.py　模型機関車のモータ制御

```python
import rrb3
import time

# Create RRB3 object
robot = rrb3.RRB3()

time.sleep(3)

way = 2
for x in range(0, way):

    duty = 0
    while (duty < 0.7):
        robot.set_motors(duty, 0, duty, 0)
        time.sleep(0.25)
        duty += 0.025

    robot.set_motors(duty, 0, duty, 0)
    time.sleep(1)

    while (duty > 0):
        robot.set_motors(duty, 0, duty, 0)
        time.sleep(0.25)
        duty -= 0.05

    robot.set_motors(0, 0, 0, 0)
    time.sleep(3)
    robot.stop()

    duty = 0
    while (duty < 0.7):
        robot.set_motors(duty, 1, duty, 1)
        time.sleep(0.25)
        duty += 0.025
```

```
robot.set_motors(duty, 1, duty, 1)
time.sleep(0.25)
```

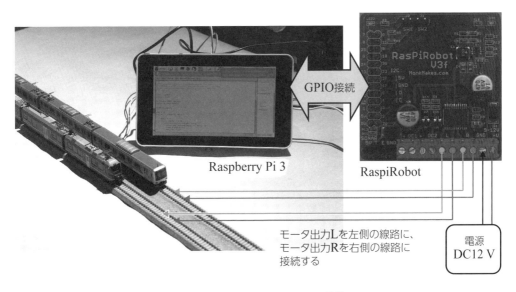

図7.12　RaspiRobot Boardの接続

　rrbライブラリには、モータの前進と後進を簡単に記述するforward関数とreverse関数があるが、この例ではset_motors関数とtime.sleep関数のみで記述している。

　加速の際には、0.25秒ステップでデューティー比を0.025ずつ上昇させ、デューティー比が0.7、すなわち電圧が電源の70%になるまで加速させる。最大速度に達したらその速度を1秒維持し、減速の際には0.25秒ステップでデューティー比を0.05ずつ減少させ、デューティー比が0、すなわち電圧が0になるまで減速させる。車両が停止したのち3秒間停車状態を維持し、その後車両が逆方向に、同じような速度パターンで走行するようにしてある。

　この例では車両が2往復した時点でプログラムが終了するようになっている。

　本節では前節で紹介したRaspiRobot Boardとrrbライブラリを使用し、2つのDCモータを1つのボードで運転できることを応用して、鉄道模型車両2編成を1つのボードで動かせることを示した。

　例として2編成の車両を用いた「すれ違い往復運転」ができることを示し、例に示すソースコードによって滑らかな加減速を実現することと、走行時間、停車時間、往復回数を任意に設定し自在な運転を行うことが可能となる。

Chapter 7　Raspberry Piによるモータ制御

図7.13　模型機関車の制御風景

7.6　まとめ

　Raspberry Piは小さな基板スペースの中にさまざまな機能を満載している。BCM2835のおかげで、高速なグラフィックスと汎用データの処理が可能となる。さらにEthernet接続、HDMI接続、および複数のUSBポートを備えているため、通常のPCであるかのように外部デバイス接続することができる。

　この章では、主にRaspberry Piのモータ制御機能に焦点を当てて解説した。そのために必要な機能として、オペレーティングシステムとしてのRaspbian、プログラミング言語としてのPython、テキストエディタとしてのIDLE、汎用IO制御モジュールとしてのRPIOという重要な事柄を取り上げた。

　Raspberry Pi 3 Model Bは40個の汎用IOピンを持っている。RPIOモジュールは、入力または書き込み出力を読み込むかどうかを指定することができ、スクリプト中で、割り込みおよび割り込み処理ルーチンを構成することによって、ピンの状態の変化に応答できる。

　プログラムが割り込みに対してコールバック関数を割り当てる場合、対応するイベントが発生し、目的の関数が呼び出される。

また、RPIO.PWMによって、パルス幅変調（PWM）信号の生成が簡単にできる。RPIO.PWMのServoクラスはsetServoとstopServoという2つの方法を提供し、これにより、PWMを通じてサーボモータを簡単に制御できる。

　Raspberry Piの機能を拡張するため、Simon MonkのRaspiRobot Board用モジュールを使用することで、ブラシ付きDCモータとステッピングモータを制御できるようになる。この制御はL293DDというICによって可能になっている。

　このデバイスのHブリッジは、Raspberry Piの汎用IOピンから入力を受け取り、RaspiRobot Boardに接続されたモータに電力を供給する。RaspiRobot Boardの入力を直接制御する代わりに、RRB2モジュールで関数を呼び出す方法が提供されている。

　これはRRB2という名前のクラスを定義し、その関数は2つのブラシ付きDCモータを正転または逆転駆動できる。このクラスのset_motors関数は、各モータのデューティーサイクルと方向を制御する。そのため、単一のステッピングモータの4つの入力を制御するのに理想的といえる。

Chapter 8
BeagleBone Blackによる モータ制御

本章で紹介しているBeagleBone Black用の拡張ボード「Dual Motor Controller Cape」は、本書発行時点、日本国内では入手困難のため、本章は未検証です。原著に忠実に翻訳しましたが、最新機器での動作は保証できません。ご了承ください。

Chapter 8 BeagleBone Blackによるモータ制御

BeagleBone Black（以降、BBB）は、前章で解説したRaspberry Piと同じようなシングルボードコンピュータである。これら2種類のコンピュータはクレジットカードサイズに多機能を有するなど、多くの共通点がある。どちらもARMプロセッサをコアとして使用し、512MBを超えるRAMを持ち、完全なOSを走らせる能力を持っている。価格さえほとんど同じである。

BBBがRaspberry Piと異なる点は、マイコン同様の機能を果たす周辺のコアを持っていることである。これらのコアのおかげで、AD変換器を持ち、高精度のPWMパルスを発生することができるようになっている。モータ制御ではこれらの機能が重要となる。

BBBの機能はDual Motor Controller Cape（以降、DMCC）という拡張ボードで拡張できる。前章で示したのと同等の機能が実現できており、さらにモータの位置を読んだり速度を制御したりするためのフィードバック演算をすることも可能だ。本章の最後では、DCモータをDMCCで制御する方法を説明する。

モータ制御の説明に入る前に、BBBの性能について解説するとともに、OSであるDebianの機能についても説明する。さらに基本的なPythonでのプログラミングについて解説し、汎用IOピンへのアクセス法についても解説する。

8.1 BeagleBone Blackとは

BBBは、Ethernet、USB、HDMIを通したり、MicroSDを利用したりするなど、非常に多くの接続機器を提供する。アプリ内でこれらにアクセスするためには、メインの制御ICプロセッサであるAM3359用にプログラミングする必要がある。以降、BBBとAM3359の解説を行う。

8.1.1 BeagleBone Blackの回路基板

2008年にTexas Instruments社（以降、TI社）は、プロセッサの演算能力を周知するため最初のBeagle Boardを発表した。2011年により強力な演算能力と周辺回路との接続機能を備えた第2世代のBeagle Boardを発表した。

2013年にTI社はBeagleBone Blackと名づけたBeagle Boardの新しいバージョンをリリースした。BBBはクロック周波数が高く、旧機種の2倍のメモリを持ちながら価格を半分にした。図8.1にBBBのRevision Cの概観を示し、表8.1に基本性能を示す。

図8.1 BeagleBone Black Revision Cの概観

表8.1 BeagleBone Blackの仕様

仕様	値
寸法	86.40×53.3mm
定格電圧	5V
SDRAM	512MB DDR3
メモリーカード	4GB フラッシュメモリ、MicroSDカード
汎用IOピン数	66本

　BBBは2つのUSBポートを持っているが、表側のポートはキーボードやマウスと接続するホスト用であり、背面のポートはPCなどのホストコンピュータとの接続用である。なお、基板には背面接続ないし5VDCジャックから電力が供給される。

　デバイス接続用のUSBを1つしか持たないが、USBハブを使用すればキーボードとマウスが同時利用できる。BBBの設計図は自由にダウンロードできるので、目的に合った機能を持たせた回路を独自に構築することも可能だ。回路図と設計ファイルはBBB wiki (https://elinux.org/Beagleboard:BeagleBoneBlack) からダウンロードできる。以降BBBとAM3359について解説していこう。

Chapter 8 BeagleBone Blackによるモータ制御

8.1.2 AM3359 System on Chipコントローラ

BBBの主デバイスであるAM3359チップは、System on Chipと呼ばれ、1つのデバイスに複数のコアを持っていて、ARMベースのプロセッサ（Cortex-A8）とグラフィックスのための専用コア（SGX530）から構成される。さらに、マイクロコントローラと同様な働きをする2つのリアルタイム演算コアでサブシステムを構成している。

Sitara Cortex-A8コア

前章で説明したように、ARM社はチップを生産する企業にプロセッサ回路の設計図を販売している。TI社は、BBB用のARMコアの回路図を提供され、これをSitaraコアとして再設計している。このコアは32bitでデータを処理し、低消費電力で駆動でき、SIMD（単一命令、複数データ）命令を使用することで複数の浮動小数点演算を一度に処理することができる。

特に、AM3359のARMコアはCortex-A8コアを使用していることに特徴がある。その最も重要な利点は、dual-issue設計といわれるもので、Cortex-A8は以前のARMコアと同じ時間で2倍の命令を処理できる能力を持っていることである。

Cortex-A8のもう1つの強みは、一度に複数の処理を行えるNEON命令を実行できることで、数式処理を高速で行うことに特化している。このNEON命令のおかげで、BBBは非常に高速な数値演算をすることが可能となっている。

SGX530 3Dグラフィックスエンジン

AM3359には、グラフィックス処理用に特別に設計されたコアが含まれている。SGX530コアは、現在のImagination Technologies社のPowerVR部門によって設計された。このコアはiPhone 4で使用されているのと同じものであり、以下の処理能力を持っている。

- 720p標準解像度でグラフィックスを表示
- 毎秒1400万三角形をレンダリング
- 毎秒2億画素を処理
- フルOpenGL-ES 1.1および2.0規格をサポート

SGX530は多くの長所があるものの、ビデオ信号のデコード処理ができない欠点を持っている。そのため、BBBはCortex-A8を使用してHDMIコネクタに出力を送信している。したがって、BBBはゲームなどのグラフィックスを大量に使用するアプリケーションには適さない。

プログラマブルリアルタイムユニットと産業用通信サブシステム (RPU-ICSS)

AM3359内にPRU-ICSSとして、プログラマブルリアルタイムユニット (PRU) と呼ばれる2つのリアルタイムコアが含まれている。これらのPRUは32bitプロセッサだが、フルプロセッサに期待できるようなすべての命令を実行することはできない。それぞれは8KBのプログラムメモリと8KBのデータメモリを持っている。

PRU-ICSSの主目的は、ARMコアにより高いレベルのタスクを処理させるため、BBBの基本的な入出力処理を担当することである。この目的のために、PRU-ICSSはEthernet処理能力、汎用非同期受信機／トランシーバ (UART)、外部イベントに応答するための専用割り込みコントローラを内蔵している。

8.2 BBBプログラミング

ARMアーキテクチャを採用しているため、他のARMベースのシステム同様、BBBでも同じようなプログラミングが可能である。さらにBBBでは、フリーのリソースにより容易にプログラミングできるようになっている。どのようなサポートがなされているかは、以下のサイトを参照してほしい。

BeagleBone 101
http://beagleboard.org/Support/bone101

プログラミングの前にOS操作に慣れておく必要があるため、BBBにインストール済みのDebianについて概説する。

その後、Pythonでのプログラミングとその実行方法について解説する。また、Adafruit_BBIOモジュールを使ってPythonスクリプトで汎用IOピンにアクセスする方法と、どのようにPWMを発生するプログラムを記述するのかを解説する。

8.2.1 DebianというOS

高い性能を持ったプロセッサと大容量のメモリのおかげで、BBBはOS機能をフルに使用できる。LinuxベースのOSとして、DebianやUbuntuが多くのユーザに使われている。図8.2にBBBのデスクトップの様子を示す。

Chapter 8　BeagleBone Blackによるモータ制御

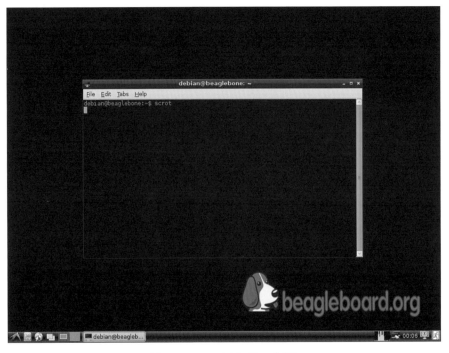

図8.2　Debianのデスクトップ画面

　デフォルトではデスクトップ上にアイコンはなく、アプリの起動にはメニューを利用する。BBBを使うには、PCからSSH (Secure Shell) によってコマンドを実行する。SSHを使うためには、次の2点を知っておく必要がある。

- BBBのデフォルトのIPアドレスは192.168.7.2となる
- BBBにはパスワードを必要としないrootアカウントがある

このことから、以下のコマンドでSSHセッションを始めることになる。

```
ssh root@192.168.7.2
```

　SSHを通してコマンドが入力できることに加えて、SCP (Secure Copy) によってファイル転送も可能だ。以下のコマンドは、data.txtファイルを現在のディレクトリからBBBのrootへ転送する例である。

```
scp data.txt root@192.168.7.2:/root
```

また、次の例は、テキストデータをrootから自分の開発システムのmattフォルダにデータを転送する。

```
scp root@192.168.7.2:/root/data.txt /home/matt
```

 ### 8.2.2 Adafruit-BBIOモジュール

原著者は、当初BBBで作業を始めるに際し、AM3359を低レベル言語でプログラミングしても、最高のパフォーマンスと完全な設定オプションが得られると考えて開発を始めた。しかし、ピン制御の多重化、デバイスツリーオーバーレイ、およびAM3359の動作設定のためのすべてのレジスタについて学んだうえで、PRU-ICSS上で動作するアセンブリ言語でプログラミングしたけれど、このような低レベル言語によるものでは十分な性能を得られなかった。

その後、開発プロセスを簡素化するPythonパッケージが開発された。これはAdafruit_BBIOモジュールと呼ばれ、前章で説明したRPIOモジュールとほぼ同じ構成となっている。BBBにプリインストールされているはずだが、そうでなかったら以下のコマンドによって必要なものすべてをインストールしておこう。

```
sudo apt-get update
sudo apt-get install build-essential python-dev python-setuptools
sudo apt-get install python-pip python-smbus -y
sudo pip install Adafruit_BBIO
```

これにより必要なすべてのツールが用意され、Adafruit_BBIOモジュールを使用したPythonスクリプトのプログラミングが可能になる。コマンドラインでスクリプトを実行するには、pythonと入力し、その後にスクリプト名を入力する。例えば、次のコマンドでtest.pyを実行できる。

Chapter 8 BeagleBone Blackによるモータ制御

```
python test.py
```

　BBBでは、C言語、C++言語、Python言語に加えて、BoneScriptという魅力的な言語をサポートしている。これは、node.jsフレームワークを使用するJavaScriptのバリエーションで、BBB上で動作するように特別に開発されたもので、インターネット上には多くのチュートリアルや無料のリソースがある。

　ただし、本章後半で説明するDMCCがPythonを利用できるため、以降はPython言語を解説する。

 ## 8.2.3　汎用IOピンとの接続

　外部回路と接続するため、BBBは、1つが46ピンで構成されるP8とP9という2つのヘッダで構成される合計98ピンのコネクタを持っている。それぞれのピンは、P8_5のようにヘッダで配置されることを識別するための名前が付けられている。これらのうちのいくつかが汎用IOピンに割り当てられるとともに、汎用IOシーケンスの位置を識別する名前としても使われる。図8.3はP8をヘッダとする左側から24ピンのラベルを表している。

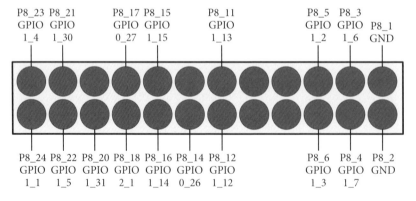

図8.3　汎用IOピンの配置（P8ヘッダ）

　C言語とDevice Tree Overlayでプログラミングする際には、さまざまな方法で汎用IOピンを設定できる。ピン電圧の読み書きをするだけなら、Adafruit_BBIOモジュールが理想的である。表8.2にAdafruit_BBIOモジュールの7つの関数を示す。

表8.2　Adafruit_BBIOモジュールの汎用IOピン用関数

関数	説明
setup(string pin, int mode)	ピンを入力または出力として指定する
output(string pin, int level)	論理レベルをHIGHまたはLOWに設定する
int input(string pin)	指定されたピンの論理レベルを読み込む
cleanup()	ピンをデフォルト状態に設定する
wait_for_edge(string pin, int event)	指定されたピンで指定されたイベントが発生するまで処理を停止する
add_event_detect(string pin, int event)	指定されたピンで指定されたイベントを監視する
event_detected(string pin)	ピンで監視イベントが発生したかどうかを返す

　これらの関数は、基本的なピン配置に関するものと、イベントおよびイベントハンドリングに関するものとの2つのカテゴリに分けられる。

> 注意：本章のスクリプトは、Adafruit_BBIO PWMモジュールとしてPWMをAdafruit_BBIO.GPIOモジュールからインポートしている。したがって、これらのモジュールで定数や関数について説明するときはGPIO名とPWM名を使用している。

基本的なピン配置

　汎用IOピンを、入力（ピンの電圧レベルの読み取り）または出力（ピンの電圧レベルの設定）に設定できる。この設定は、setup関数によって、GPIO.INまたはGPIO.OUTの後に続くピン番号でセットする。

　P8_14ピンはGPIO0_26に対応するため、次のようにして同じ構成を実現することができる。

```
GPIO.setup("GPIO0_26", GPIO.OUT)
```

　出力ピンの論理レベルは、ピン番号とロジックレベルを受け付ける出力機能で設定される。論理レベルがGPIO.HIGHまたは1に設定されているとピン電圧は3.3Vに設定され、論理レベルがGPIO.LOWまたは0に設定されているとピン電圧は0Vに設定される。

　入力ピンの論理レベルは入力関数で読み取られるが、その引数はピン番号のみである。テストでは、ピンの電圧が1.4Vより高いときに入力は1を返し、電圧が1.1Vより低いときは0を返していた。電圧が1.1Vから1.4Vの間では、入力の戻り値を決定することはできなかった。

Chapter 8 BeagleBone Blackによるモータ制御

　リスト8.1は、実際に、セットアップ、入力、および出力がどのように使用されるかを示している。このスクリプトはP8ヘッダの汎用ピン16番から読み込み、その値に応じてピン18番の値を設定している。

リスト8.1　test_input.py ピンの論理レベルの確認

```python
"""
This script repeatedly checks a pin's logic level.
If the logic level is low, a second pin is set high.
If the logic level is high, the loop terminates.
"""

import Adafruit_BBIO.GPIO as GPIO

# Assign names
input_pin = "P8_16";
output_pin = "P8_18";

# Set pin directions
GPIO.setup(input_pin, GPIO.IN)
GPIO.setup(output_pin, GPIO.OUT)

# Wait for input_pin to reach low voltage
while(GPIO.input(input_pin) == GPIO.LOW):
    GPIO.output(output_pin, GPIO.HIGH)

# Return pins to default state
GPIO.cleanup()
```

　このスクリプトでは、ループ間のすべての繰り返しの中で、入力ピンの状態がチェックされる。もしピンの論理レベルがLOWであれば、出力ピンはHIGHにセットされる。HIGHにセットされるまでループを繰り返す。そして、cleanup関数でピンを元の状態に戻している。

イベントとイベントハンドリング

　多くの汎用IOに関するアプリは基本的に受動的である。つまり、外部からの要求に応答することによってのみ操作が実行される。リスト8.1のスクリプトでは、whileループを使用して、入力ピンの論理レベルが高く設定されるまで待っている。Adafruit_BBIOモジュールでは、whileループではなくwait_for_edge関数を使うため、以下のように、より簡単で柔軟な方法をとる。

```
wait_for_edge(string pin, int event)
```

この関数が実行されると、指定されたピンで指定されたイベントが発生するまで待機する。汎用IOイベントは、ピンの論理レベルが立ち上がりエッジ（LOWからHIGH）または立ち下がりエッジ（HIGHからLOW）の変化に対応する。wait_for_edge関数の第2引数で、イベントのタイプを次の値のいずれかに指定する。

GPIO.RISING ：ピンの論理レベルがLOWからHIGHに変化するのを待って停止する
GPIO.FALLING ：ピンの論理レベルがHIGHからLOWに変化するのを待って停止する
GPIO.BOTH ：ピンの論理レベルが変化すると、待機を解除する

次のスクリプトは、P8_18ピンで立ち下がりエッジが発生するまで待機する例である。

```
wait_for_edge("P8_18", GPIO.FALLING)
```

イベントが発生するまでプロセッサを停止させるのではなく、他の作業を実行しながら定期的にピンの状態を確認するほうが効率的なため、実際にはadd_event_detect関数およびevent_detected関数を利用することになる。動作そのものはwait_for_edge関数と似ているが、イベントが発生するまでプロセッサを停止するのではなく、プロセッサにそのイベントの検出をオンにするように指示している。

イベントの検出がオンになっていると、event_detected関数によってイベントが発生した場合は1を返し、発生していない場合は0を返す。次のスクリプトは、GPIO1_23ピンで立ち下がりエッジが発生したときにadd_event_detect関数とevent_detected関数が協調して動作する例である。

```
add_event_detect("GPIO1_23", GPIO.FALLING)
while(condition == True):
  ...perform other tasks...
  if(event_detected("GPIO1_23")):
    ...respond to the falling edge...
```

Chapter 8 BeagleBone Blackによるモータ制御

add_event_detect関数もevent_detected関数も、プロセッサを停止しないことに留意することが重要で、これにより、プロセッサはイベントを待つ間ビジー状態を維持できる。add_event_detect関数には、イベントの処理方法に影響を与える2つのオプション引数がある。その完全な記述は以下のように与えられる。

```
add_event_detect(string pin, int event, callback= func, bouncetime= time)
```

第3引数は、イベントが発生したときに呼び出されるコールバック関数と呼ばれる関数を識別する。この関数が呼び出されると、イベントを生成したピンの名前を識別する文字列を受け取る。

ユーザが汎用IOピンに接続されたボタンを押すと、ピンは迅速に連続して複数のイベントを生成することがある。すべてのイベントに応答するのではなく、最初のイベントだけに応答して、指定された時間だけ他のイベントを無視することのほうが効率的で、add_event_detect関数の最後の引数がこれを可能にしている。なお、bouncetimeの値はミリ秒単位で設定できる。

リスト8.2では、add_event_detect関数を使ってコールバック関数を実行する方法を示している。このスクリプトでは、event_callback関数がピン番号を受け取り、メッセージを出力する。

リスト8.2 callback.py コールバック関数の実行

```python
"""
This code configures a callback that responds
to changes to the logic level for Pin P8_18.
"""
import Adafruit_BBIO.GPIO as GPIO
import time

def event_callback(pin):
    print("The event was received by Pin %s." % pin)

# Define pin to be tested
test_pin = "P8_18";

# Set pin direction
GPIO.setup(test_pin, GPIO.IN)

# Configure a callback to be executed
GPIO.add_event_detect(test_pin, GPIO.BOTH, event_callback)
```

```
# Delay for ten seconds
time.sleep(10)

# Return pin to default state
GPIO.cleanup()
```

　P8_18の論理レベルが変化すると、プロセッサはイベントコールバック関数を実行し、ピン番号を返す。関数が実行されると、引数で指定した値を受け取り、メッセージを出力する。

```
The event was received by Pin P8_18
```

　time.sleep関数を呼び出すと、プロセッサは10秒待ってからプログラムを続行する。遅延が続く間、プロセッサはテスト端子の立ち上がりと立ち下がりエッジをチェックし続ける。

8.3　PWMの生成

　DCモータはパルス幅変調されたPWMパルス幅で制御される。Adafruit_BBIO.PWMモジュールを使って、どのようにPWMパルスを発生させるかについて解説する。表8.3にこれに関する関数を示す。

表8.3　Adafruit_BBIO.PWMモジュール関数

関数	説明
start(string pin, float duty, freq= freq , polarity= pol)	指定されたデューティー比と周波数で特定のピンのPWMを生成するために使用する
set_duty_cycle(string pin, float duty)	指定されたピンのデューティー比を変更するために使用する
set_frequency(string pin, float freq)	指定されたピンのパルス周波数を変更するために使用する
stop(string pin)	指定されたピンのPWM生成を停止する
cleanup()	ピンを初期設定に戻す

　最初のstart関数が最も重要で、ピンの名前と要求されるデューティー比との2つの引数を設定する。デューティー比は浮動小数点で0.0から100.0間の％で設定できる。次のスクリプトは、浮動小数点で25％のデューティー比のPWM信号をピンP8_18に出力する例である。

Chapter 8 BeagleBone Blackによるモータ制御

```
GPIO.start("P8_18", 25)
```

　第3引数は、PWM周波数を指定する。デフォルトでは2kHzであり、パルス間隔の時間は1/2000=0.5ミリ秒である。しかし、この設定には疑問があり、一般のサーボモータではこのPWM期間を20ミリ秒とするようになっていて、その周波数は50Hzとなる。そのため、以下のスクリプトではデューティー比10%で周波数50Hzを出力する例を示す。

```
GPIO.start("P8_18, 10, 50)
```

　第4引数で信号が1か0での論理レベルを決定する。初期設定は0で正論理となり、出力がHIGHになるまでLOWを維持する。もし1に設定した場合は負論理となる。図8.4に論理レベルの違いを示す。

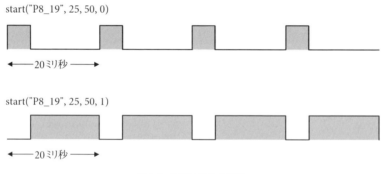

図8.4　PWM出力の極性

　start関数が呼び出された後、set_dutycycle関数とset_frequency関数でPWMのデューティー比と周波数を変更できる。これらの値は浮動小数点で与えられる。
　リスト8.3は、Adafruit_BBIO.PWMモジュールを使ってPWMを発生する方法を示している。出力はP8_19ピンであり、40%のデューティー比を出力する。サーボの仕様から、PWM周波数は50Hzとなる。

リスト8.3　pwm.py　PWM信号の生成

```
"""
This code generates a pulse-width modulation (PWM) signal
for Pin P8_19 with a 40% duty cycle and a frequency of 50 Hz.
"""

import Adafruit_BBIO.PWM as PWM
import time

# Define PWM pin
pwm_pin = "P8_19"

# Set duty cycle to 40%, frequency to 50 Hz
PWM.start(pwm_pin, 40, 50)

# Delay for ten seconds
time.sleep(10)

# Halt PWM and return pin to initial settings
PWM.stop(pwm_pin)
PWM.cleanup()
```

　PWMはP8_19ピンから出力され、任意に設定できない。このピンはプロセッサの高分解能のPWMとEHRPWMに接続されている。BBBマニュアルの70ページと72ページの記述を参照してほしい（本書発行当時の情報）。他のピンは、P8_13ピン、P8_14ピン、P8_16ピンである。

　Adafruit_BBIO.PWMモジュールを使えば、正確なタイミングでPWMを発生するスクリプトを記述できる。しかし、BBBの出力は3.3Vであるため、論理回路を駆動するための回路が外部に必要となる。これにはESCやDMCCなどの拡張ボードが対応している。

Chapter 8 BeagleBone Blackによるモータ制御

8.4 Dual Motor Controller Cape (DMCC) とは

BBBの機能は、P8やP9ヘッダコネクタと接続する拡張ボードによって拡張可能である。BBBのcapeはさまざまなアプリに対応するように設計されている。

Beagleboard:BeagleBone Capes
https://elinux.org/Beagleboard:BeagleBone_Capes

DMCCは、Exadler社が販売している。図8.5に概観を示す。上下に別のDMCCボードを重ねて使用できる。

右側の3つのコネクタは重要である。上下のコネクタで2つのモータに電力を供給する。真ん中のコネクタで外部電源を接続するが、5Vから28Vまでの電圧に対応している。

このボードは3つのICにより構成されている。DSPIC33FJ32MC304は、モータ速度を制御するPWMパルスを発生する。2つあるVNH5019AはHブリッジを構成し、PWM信号でモータに正／逆転の電力を供給する。図8.6は、DMCCの内部構成のブロックを示している。

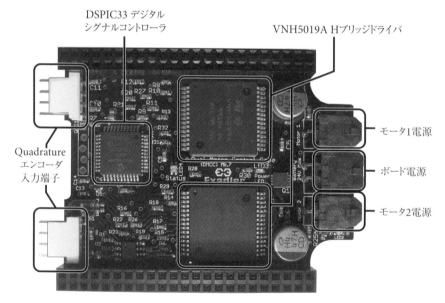

図8.5　モータ駆動用ボードの概観

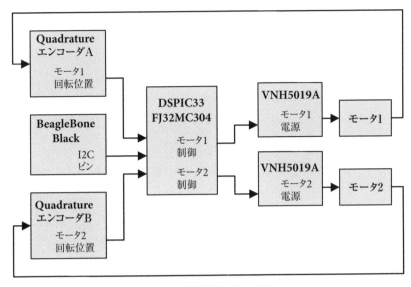

図8.6　内部構成のブロック図

図8.6を見ると、このボードは以下の4つの働きから成り立っていることがわかる。

① BBBで動作するスクリプトは、回転させるモータと回転速度と方向を指定する
② DSPIC33は、BBBからモータのパラメータを受け取り、実際の挙動をエンコーダから受け取る。この情報を用いて、モータ用のPWM信号を生成する
③ VNH5019AのHブリッジは、接続されたモータに電流を供給する
④ モータは電流を受け取って回転する。これらの直交エンコーダは、シャフト角度を電気信号に変換する

本節ではDMCCによるDCモータを制御する方法を説明する。

8.4.1　BeagleBone BlackとDual Motor Controller Capeの通信

ヘッダ内には多くの接続端子があるが、DMCCは2つのBBBピン（P9_19およびP9_20）からのデータだけを読み取り、モータの回転方法を指示する。

これらのピンで使用されるデータ転送プロトコルがI2C（Inter-Integrated Circuit）である。この単純な方法は、以下の2つの信号によってデータを転送する。

Chapter 8 BeagleBone Blackによるモータ制御

Serial data line (SDA)：デバイス間のビット転送
Serial clock (SCL)　：データクロック

　I2C通信では、クロックを駆動するデバイスをマスタと呼び、その他のデバイスをスレーブと呼ぶ。BBB-DMCC通信では、BBBがマスタであり、接続された各DMCCがスレーブとなる。最下層のDMCCはスレーブ0であり、その上にスタックされた複数のDMCCは1ずつインクリメントされたIDを受信する。

　すべてのI2Cデータ転送は、一連の8ビットメッセージで構成されている。マスタは、SCLをHIGHに保持し、SDAをHIGHからLOWに変更することによって転送を開始する。このメッセージは、スレーブのIDとマスタがデータを送信または受信するかどうかを識別するビットで始まる。マスタがSCLをHIGHに保持し、SDAをLOWローからHIGHに変更すると転送が終了する。

8.4.2　PWM信号の生成

　DMCCは、DSPIC33FJ32MC304（以降、DSPIC33）によって生成されたPWM信号を使用してモータの速度を制御する。このデバイスはデジタルシグナルコントローラであり、デジタルシグナルプロセッサと同じ役割を果たすことができるよう、非常に高い数の演算能力を備えたマイクロコントローラとなっている。

　DMCCでは、DSPIC33は2つの情報を読み込む。BBBのI2C接続から指定速度のモータパラメータを受信する。2つのエンコーダ入力から、モータの現在の速度を検出する。

　DSPIC33は、指定されたモータ速度と実際の速度との間の誤差を計算し、この誤差を減らすために、「第5章　サーボモータ」で説明したPID（比例積分微分）法を使用して制御信号を生成する。この制御信号は、以下の3つの値をとる。

- **比例ゲイン**：現在の誤差にかける値
- **積分ゲイン**：誤差の積算値にかける値
- **微分ゲイン**：誤差の変化分にかける値

　DSPIC33は、これらの値を加算して、モータに送信する必要があるPWM信号を生成する。より正確には、指定したモータの挙動と実際の挙動との間の差を減少させるPWMデューティー比を決定する。その後、DSPIC33は、PWMパルスとイネーブル信号（Enable Signal）を、

指定したモータに接続されたVNH5019Aに送信する。

8.4.3　スイッチング回路

DMCCには2つのVNH5019Aデバイスがあり、各VNH5019Aには2つのハーフHブリッジが含まれている。第3章で説明したように、Hブリッジは、それぞれ正または負の電流を流すことによって、モータを正または逆に駆動することを可能にする。図8.7は、この仕組みの考え方を示している。

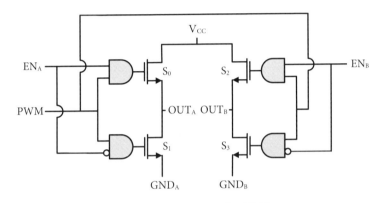

図8.7　VNH5019AのHブリッジ回路

VNH5019Aの2つのハーフHブリッジは、AとBで示されている。それぞれ個別のイネーブル信号（EN_AとEN_B）を持ち、別々の出力（OUT_AとOUT_B）を出力する。一般に、OUT_Aはモータの一方の端子に接続され、OUT_Bは他方の端子に接続される。

PWMは、EN_AとEN_Bの値に従って動作する。例えば、PWMとEN_AがHIGHのとき、OUT_AはV_{CC}から電流を受け取る。

PWMがLOWのとき、スイッチは開いたままなので、OUT_AまたはOUT_Bに電流は流れない。

DMCCでは、EN_A、EN_B、およびPWMの値は、DSPIC33によって設定できる。EN_BがEN_Aの逆の働きをしている。この場合、EN_AがHIGHのときにスイッチS_0およびS_3が閉じられ、OUT_AからOUT_Bへ電流が流れる。EN_AがLOWのとき、スイッチS_1とS_2が閉じられ、OUT_BからOUT_Aへ電流が流れる。

Chapter 8 BeagleBone Blackによるモータ制御

 ### 8.4.4 モータ制御

Exadler社は、DMCCを使用してモータを制御するためのライブラリを提供している。

Exadler / DMCC_Library
https://github.com/Exadler/DMCC_Library

ライブラリファイルをBBBにダウンロードしたら、setupDMCC.pyを含むディレクトリに移動して、次のコマンドを実行する。

```
python setupDMCC.py install
```

これによりC言語のコードをコンパイルして、DMCCモジュールをPythonのdist-packagesディレクトリにインストールする。インストールが完了すると、DMCCモジュールを使用するスクリプトの作成と実行が可能となる。表8.4にこのモジュールに含まれる10個の関数を示す。

表8.4 DMCCモジュールの関数

関数	説明
getMotorCurrent(int board, int motor)	モータに流れる電流を読む
getMotorDir(int board, int motor)	モータの回転方向を読む
getMotorVoltage(int board, int motor)	モータの印加電圧を読む
getQEI(int board, int motor)	モータのエンコーダパルスを読む
getQEIDir(int board, int motor)	モータのエンコーダパルスの回転方向を読む
getTargetPos(int board, int motor)	指定されたモータの位置を読む
getTargetVel(int board, int motor)	モータの速度を読む
setMotor(int board, int motor, int power)	指定された電力をモータに供給する
setPIDConstants(int board, int motor, int posOrVel, float P, float I, float D)	PID値を設定して、与えられたモータの位置または速度を制御する
setTargetPos(int board, int motor, int pos)	指定されたモータの位置を設定する

これらの関数は、第1引数で必要なボードを識別するため、複数のDMCCボードが重なっている場合は便利である。ボトムボードは0で指定され、連続するボードの値は1ずつ増加していく。

第2引数で制御対象のモータを指定する。この引数を1に指定するとモータ1が選択され、2を指定するとモータ2が選択される。

これらの関数のうち、最も重要なものはsetMotor関数であり、これは指定された電力量でモータを駆動するものである。電力値は－10000〜10000の任意の整数に設定できる。正の値をとるとモータを順方向に駆動し、負の値をとるとモータを逆方向に駆動する。

次のスクリプトは、ボード0のモータ1を最大速度の半分に設定して順方向に駆動する例である。

```
setMotor(0, 1, 5000)
```

リスト8.4は、モータを最高速度で5秒間駆動して停止させ、そこからモータを10秒間半回転させて停止させる単純なスクリプトである。

リスト8.4　motor.py　DMCCによるモータの制御

```
"""
This drives a motor forward at full speed for 5 seconds, stops,
drives the motor backward at half-speed, and stops.
"""

import DMCC as DMCC
import time

# Drive motor forward
setMotor(0, 1, 10000)
time.sleep(5)

# Stop
setMotor(0, 1, 0)
time.sleep(3)

# Drive motor backward
setMotor(0, 1, -5000)
time.sleep(10)

# Stop
setMotor(0, 1, 0)
time.sleep(3)
```

Chapter 8 BeagleBone Blackによるモータ制御

8.5 まとめ

　BBBは、マニア用として最も強力なシングルボードコンピュータの1つだといえる。BBBはビデオデコーダを持っていないが、その代わりにデータを処理したり高速で数値演算したりできるARMプロセッサを備えている。また、多くの外部コネクタにより、さまざまな方法でボードにアクセスが可能だ。

　本章ではDebian上のPythonによるスクリプトを解説してきたが、それ以外の開発方法もある。数多くのLinux準拠のOS、例えばUbuntuやAngstromをBBB上で実行でき、プログラミング言語もC言語、C++言語、Java言語などたくさんのものが利用できる。

　ただし、PythonでBBBのピンにアクセスしようとするならば、Adafruit_BBIOモジュール以上のものはない。このモジュールは汎用IOピンから読み書きをする関数を提供する。またピンの立ち上がりや立ち下がりを検出する関数も提供している。

　さらにPWMシグナルを発生するAdafruit_BBIO.PWMモジュールも提供している。PWM周波数はホビー用モータが50 Hzであることから、デフォルトでは2000 Hzであることに注意が必要である。また出力レベルが3.3 Vなため、多くのホビー用の論理レベルと異なる点にも注意する必要がある。

　DMCCは、モータ制御が可能なBBBの拡張ボードである。デジタル信号コントローラはモータの位置を検出しPID制御則に基づいた制御ができる。PWM信号をHブリッジに入力することでモータに制御電力を供給する。DMCC用モジュールの関数によって、モータの挙動を設定し動作の状況を検出することが可能となる。

Chapter 9
Arduinoベースの電子速度制御

本章は、原著に忠実に翻訳しましたが、動作検証はしておりません。ご了承ください。

Chapter 9　Arduinoベースの電子速度制御

　第6章と第7章でArduino MegaやRaspberry Piというマイコンボードを使って、モータの制御法を解説した。本章では既存のボードを使わずに、最初からモータコントロールボードを設計する。特に、ブラシレスDCモータを駆動できるESC（Electronic Speed Control）ボードを設計することを目標とする。ESCボードはデジタルレベルの電圧を扱うが、モータ駆動のためには高い電流を制御する必要がある。

　目的を単純にするため、本章のESCボードはArduino Megaの拡張ボードとして構成することにする。このことは、拡張ボードがArduinoのAtmelプロセッサから制御信号を受け取り、それに基づいてブラシレスDCモータに電力を供給することを意味している。

　本章では、ブラシレスDCモータに関する制御法について、MOSFETの特性とゲートドライバを含めて解説する。さらに回路基板の設計プロセスもあわせて示す。設計の詳細に入る前に、回路設計の概略を解説する。

9.1　ESCの概略

　本節では、ラジコン用の商用ESCと同等のPCでプログラム可能なESCの構成を概説する。回路ではコントローラからPWMパルスと電力が入力され、ブラシレスDCモータに制御電力を供給する。適切なタイミングを確保するため、ESCはロータ制御に必要な情報をモータから受け取る。図9.1に制御全体の構成を示す。

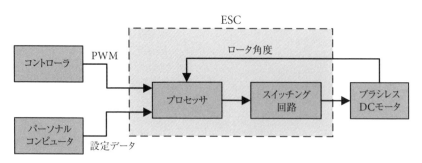

図9.1　一般的なESCブロックの構成

この種のボードはラジコン界ではポピュラーではあるが、メーカ品には、以下のような3つの特別な問題がある。

- 回路を使うためには、PWMを発生する外部ボートを要求する
- ESCコントローラをプログラミングするためにはC言語の知識が必要となる
- ESCでプログラムを実行可能とするためには、PC用の特別なソフトが必要となる

標準ESCのテストとプログラミングの複雑さを考えて、ESCの機能性をArduinoの構成と組み合わせることにした。ESC回路はArduinoボードのAtmelプロセッサから制御信号を受け取るように設計する。図9.2は、単純化した回路の構成の概略を示す。この回路の名前を単純にESCシールドとしておく。

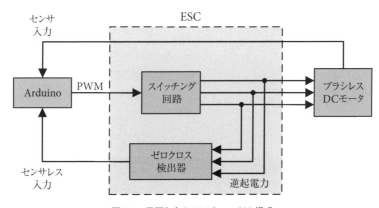

図9.2　目標とするESCシールドの構成

この構成図の構造は回路ボードの設計に反映される。図9.3のように、スイッチング素子は6つのトランジスタからなる。

Chapter 9 Arduinoベースの電子速度制御

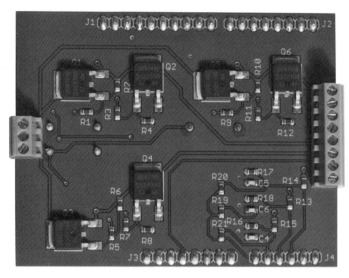

図9.3　ESCシールドの表側

図9.4はボードの裏側の状態を示している。ピンはArduinoのヘッダと接続可能なように位置を合わせる。以降でESCの機能ブロックであるボードのスイッチング回路とゼロクロス検出器を設計する。

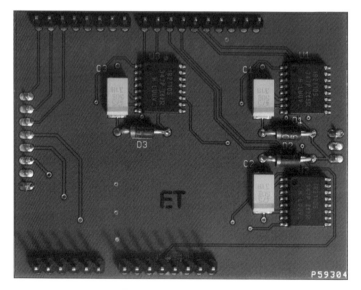

図9.4　ESCシールドの裏側

9.2 スイッチング回路

　DCモータには、マイコンに供給するよりも大きなパワーが要求される。そのため、コントローラとモータの間に、スイッチを配置する必要がある。これらのスイッチは、コントローラから信号を受け取り、モータに高い電圧のパルス波形で電力を供給する。

　最も一般的なスイッチは、MosFET（Metal-oxide-semiconductor Field-Effect Transistor）かIGBT（Insulated Gate Bipolar Transistor）である。MosFETは小～中容量の回路に最適なので、ESCシールドはMosFETによってモータの電源をスイッチングすることにする。最初に、Y結線したMosFETでの構成を行う。

　MosFETを最大速度で動作させるため、ESC回路はArduinoのマイクロコントローラとMosFETの間にデバイスを追加する必要がある。これはMosFETドライバと呼ばれるものだが、本節後半でその動作を説明する。

　図9.5は、図9.2を拡張して、回路のMosFETとMosFETドライバがどのように接続されているかを示したものである。

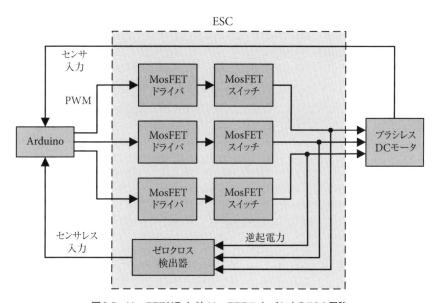

図9.5　MosFETドライバとMosFETスイッチによるESC回路

Chapter 9 Arduinoベースの電子速度制御

9.2.1 MosFETスイッチ

図9.6に、nチャンネルMosFETのシンボルを示す。図からわかるように3つの端子を持っており、ゲート、ソース、ドレインと呼ばれる。

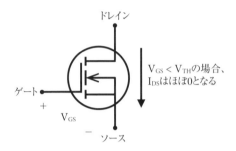

図9.6　MosFETのシンボル図

MosFETは、3つのモードを取ることができるが、モータ回路では以下の2つのモードを使う。

cut-off state (off)　：ゲート－ソース間電圧 (V_{GS}) がスレッショルド電圧 (V_{TH}) より低い場合、MosFETはカットオフ状態になる。ソースとドレイン間の抵抗はほぼ無限大であり、ドレイン－ソース間電流I_{DS}はほぼゼロとなる

saturation state (on)：V_{GS}がV_{TH}より大きく、ドレイン－ソース間電圧 (V_{DS}) がV_{GS}－V_{TH}より大きい場合、MosFETはオンになる。ドレインとソースの間の抵抗R_{DS} (ON) はほぼゼロとなる。これにより、電流がドレインからソースに自由に流れることが可能になる

MosFETは、理想的な素子ではないので、スレッショルド電圧はゼロよりも大きく、ドレイン－ソース間抵抗は0Ωより大きく、スイッチング時間もゼロではない。しかし、理想状態に極めて近く、スイッチング素子として十分な特性を持っている。

MosFETの選定

MosFETのデータシートでは、トランジスタの動作を説明する膨大なパラメータリストが示されている。$V_{BR(DSS)}$やQ_Gなどの名前により、混乱を引き起こすことは理解できる。そのため表9.1に、一般的に利用する必要最小限の6つのパラメータとその意味を示す。

表9.1　MosFETの制御パラメータ

パラメータ	名称	説明
V_{DS} または $V_{BR(DSS)}$	ドレイン–ソース間電圧	MosFETがオフ状態でブロックできるドレイン–ソース間の最大電圧
I_D	ドレイン電流	MosFETがオン状態のときにドレイン–ソース間を流れる最大電流
$R_{DS(ON)}$	ドレイン–ソース間抵抗	MosFETがオン状態のときのドレイン–ソース間の抵抗
Q_G	ゲート電荷	MosFETをオン状態にするためにゲートに必要な電荷量
P_d または P_{TOT}	最大電力	MosFETによって消費される最大電力量
$V_{GS(TH)}$ または V_{TH}	スレッショルド電圧	MosFETをオン状態にするために必要なゲート–ソース間電圧

最初の2つのパラメータの特性が重要で、モータに過度の電圧や電流を電源から供給しようとしたときに、MosFETを破壊から防止するためのものである。

モータが著しい量の電流を要求する場合、オン抵抗を考慮する必要がある。抵抗が大きくなればなるほど、素子の電圧降下が大きくなる。高い抵抗はそれだけI2R損失が大きくなり熱の問題を引き起こす。5 mΩ程度のオン抵抗の素子であれば、20 Aの電流に対しても電圧効果は0.1 V程度である。より大容量のモータでは、素子の電圧降下がより小さいためIGBTが使われる。

ゲート電荷Q_Gもまた重要である。MosFETのゲート電圧V_{GS}は瞬時に変化せず、コンデンサと同様電圧の変化に依存する。Q_Gはゲートが必要とする閾値電圧の電荷量に依存する。ゲートの充放電時間がかかり、Q_Gが小さければそれだけベース回路電流が小さくて済む。

IRFR7446 パワーMosFET

International Rectifier社（2014年にInfineon Technologies社に買収された）のIRFR7446パワーMosFETは、低抵抗と低ゲート電荷で高出力を実現できるため、このデバイスをESCシールドのスイッチとして選択した。その動作特性は以下のようになる。

- ドレイン–ソース間の最大電圧（$V_{BR(DSS)}$）　　　：40 V
- ドレイン–ソース間の最大電流　　　　　　　　　　：120 A
- オンステート時のドレイン–ソース間抵抗（$R_{DS(ON)}$）：3.9 mΩ
- 標準ゲート電荷（Q_G）　　　　　　　　　　　　：$V_{GS}=10$ Vのときに65 nC

65 nCのゲート電荷はほとんどのパワーMosFETに比べて低いが、高速パワースイッチングをするためには、この電荷を非常に短い時間で供給しなければならない。これは、MosFETのゲートを高電流で駆動する必要があることを意味する。しかし、Arduinoマイクロコントロー

Chapter 9 Arduinoベースの電子速度制御

ラでは必要なレベルのゲート電流を供給することができないため、ESCはMosFETドライバを使用する。

ボディダイオード

MosFETを使用するためには、もう1つのデバイスが必要であることを説明する。モータ制御では、図9.7に示すように2つの素子が直列に接続される。

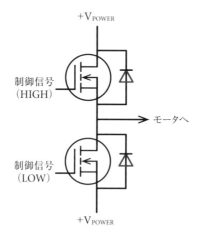

図9.7　MosFETとダイオード

この図ではMosFETと並列にダイオードがソースからドレインに接続されている。このダイオードはMosFETがオフされた後、モータ巻線から電流を帰還する働きをする。このダイオードは、フライホイールダイオードまたはフライバックダイオードと呼ばれる。

多くのMosFET回路では、スイッチング速度が速く順電圧降下が小さいために、ショットキーダイオードが使用される。しかしIRFR7446のようなMosFETパワー素子では、あらかじめ寄生ダイオードと呼ばれる素子が組み込まれている。データシートでは以下の重要な特性が示されている。値は小さいほど良いことはいうまでもない。

V_{SD}　：ボディダイオードの順方向電圧降下（IRFR7446の場合0.9 V）

t_{rr}　：逆回復時間（IRFR7446の場合20ナノ秒）

2番目の逆回復時間とは、ダイオードの方向が正から負に変化した場合、蓄積電荷により反対方向に電流が流れる時間のことである。モータ回路では重要なパラメータであり、小さいほど効果が上がる。

9.2.2 MosFETドライバ

MosFETが電力をすばやく切り替えるためには、ゲートを急速に充電および放電する必要がある。これはArduinoのマイクロコントローラが提供できるよりも多くの電流を必要とするため、高速ESCはマイクロコントローラとMosFETの間にアンプを挿入している。このデバイスはMosFETドライバまたはチャージポンプと呼ばれる。

MosFETごとに1つのMosFETドライバを使用する回路もあるが、2つのMosFETをハーフHブリッジで駆動できるICを使用するほうが簡単である。図9.8に、この仕組みの考え方を示した。

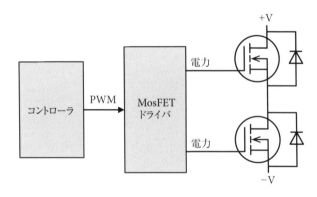

図9.8　ハーフHブリッジ駆動MosFETドライバ

モータを正の出力に接続するMosFETをハイサイドのトランジスタと呼び、モータを負の電力に接続するMosFETをローサイドのトランジスタと呼んでいる。両方にスイッチング電流を供給できるドライバは、ハイサイド／ローサイドドライバと呼ばれる。

適切なドライバを選択する場合、最初にスイッチに必要とする電流量を決定する。これは、MosFETのゲート電荷とMosFETが電源のオン／オフをどれぐらい速く切り替える必要があるかによって異なる。数学的には、ゲート電荷（Q_G）、オン／オフ（t_{switch}）に必要な時間、および必要な電流（I）の間の関係は、次のように与えられる。

Chapter 9 Arduinoベースの電子速度制御

$$I = \frac{Q_G}{t_{switch}}$$

IRFR7446では、$V_{GS} = 10\,V$のときにQ_Gは65 nCになる。ESCでは、安全なスイッチング時間は500ナノ秒で、これらの値を式に代入すると、次の結果を得る。

$$I = \frac{65\,\text{nC}}{500\,\text{ns}} = 0.13\,\text{A}$$

IR2110ハイサイド/ローサイドドライバ

MosFETを駆動するために、ESCシールドはIR2110ハイサイド/ローサイドドライバに依存している。このドライバの標準出力電流は2Aで、IRFR7446 MosFETを駆動するのに十分な出力電流を持っている。表面実装パッケージは16ピンで、そのうち11ピンのみが使用される。図9.9に、これらの11本のピンが、コントローラ、電源、およびハイサイド／ローサイドMosFETにどのように接続されているかを示す。

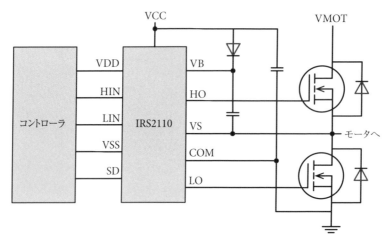

図9.9　IR2110ハイサイド/ローサイドドライバ回路

IR2110信号は次のように与えられる。

- HINとLINは、コントローラからPWM信号を受信する
- VDDとVSSは、コントローラから見ると電圧とグランドとなる
- HOおよびLOは、MosFETのゲート端子にスイッチング電源を供給する

- VBおよびVSは、ハイサイドおよびローサイドのフローティング電源として機能する
- VCCは、ローサイド固定電源電圧である
- COMは、ローサイドリターン（グランド）である
- SDは、IR2110に出力電圧HOおよびLOをオフ（シャットダウン）するよう指示する

ドライバの全体的な操作は簡単に理解できる。HINがHIGHのとき、HOはハイサイドMosFETを完全にオンにするように電力を切り替える。LINがHIGHのとき、LOはローサイドMosFETを完全にオンにするように電力を切り替える。HINとLINは同時に高くしないことが不可欠で、両方とも高くなると、電源から地上への短絡を意味する。これはシュートスルーと呼ばれ、重大な過熱問題を引き起こし、回路を破壊してしまいかねない。

電圧入力は、異なるものがあって紛らわしい。ESCシールドの場合、VDDは5Vに設定され、VCCは10〜20Vに設定でき、ESCシールドによって12Vに設定される。VCCが約8.5V未満になると、IR2110の低電圧検出器はHOおよびLOをシャットダウンする。

9.2.3　ブートストラップコンデンサ

ハイサイドMosFETを完全にオンにするため、ゲート電圧を電源電圧より10〜15V高くする必要がある。ただし、電源電圧はVCCよりも高いVMOTと同じくらい高くできる。IRS2110に対してハイサイドMosFETを駆動するのに十分な電力を供給するには、多くの回路がVBとVSの間にブートストラップコンデンサと呼ばれるコンデンサを接続する。

このコンデンサの働きを確認するには、ハイサイドMosFETとローサイドMosFETをスイッチングして回路の動作を調べることが重要となる。

- LINがHIGHでローサイドMosFETが完全にオンのとき、VSはグランドに接続され、ブートストラップコンデンサはVCCからダイオードの電圧降下を引いた電圧で充電される
- HINがHIGHでハイサイドMosFETが完全にオンのとき、VSはVMOTに接続され、ブートストラップコンデンサ（VB − VS）の両端の電位差は、VMOTとVCCマイナスダイオードドロップに等しくなる

ブートストラップコンデンサの容量選定は、次のように考える。静電容量が小さすぎると、VBの電圧を上げるのに十分な電荷を保持することができなくなり、静電容量が大きすぎると、充電に時間がかかりすぎる。International Rectifier社のApplication Note 978（AN978）に示されているように、静電容量は次の式で計算する。

Chapter 9 Arduinoベースの電子速度制御

$$C \geqq \frac{2\left[2Q_G + \frac{I_{qbs(max)}}{f} + Q_{ls} + \frac{I_{Cbs(leak)}}{f}\right]}{V_{cc} - V_f - V_{LS} - V_{Min}}$$

表9.2に、この式の変数の説明を示し、3列目にESCシールドの素子のおおよその値を掲載する。

表9.2 ブートストラップコンデンサの変数

変数	説明	値
Q_G	ハイサイドMosFETのゲート電荷	65 nC
$I_{qbs(max)}$	V_{BS}の最大静電容量	230 μA
f	動作周波数	50 Hz
Q_{ls}	サイクルごとに必要なレベルシフトチャージ	5 nC
$I_{Cbs(leak)}$	コンデンサリーク電流	0.5 μA
V_{CC}	電源電圧	12 V
V_f	ブートストラップダイオード間の電圧降下	0.7 V
V_{LS}	ローサイドMosFET間の電圧降下	0.06 V
V_{Min}	V_BとV_S間の最小差	9.4 V

この表では、ローサイドMosFETの両端の電圧降下は、MosFETの$R_{DS(on)}$の値と定格電流を掛けて計算する。ESCシールドの場合、20 A × 3.0 mΩ = 0.06 Vとなる。また、タンタルコンデンサにはリーク電流がほとんどないため、この値はゼロとした。

表の値を式に挿入すると、結果は約5.16 μFの静電容量が必要となるため、ESCシールドは4.7 μFのタンタルコンデンサを使用してブートストラップコンデンサとした。

9.3 ゼロクロス検出

ブラシレスDCモータの欠点は、供給する電力の方向をコントローラがモータの状態から知っている必要があることである。つまり、モータに回転検出器が必要ということであり、もし検出器がない場合には、以下に述べるような複雑な回路処理が必要となる。

三相のブラシレスDCモータは、一度に二相を励磁し、残りの相は浮かした状態で、励磁を切り替えていく。浮いた相の電圧を測ることで、コントローラがモータのどの相に励磁をすれば

いいのかがわかる。この方法はゼロクロス検出と呼ばれ、モータをセンサレスで制御するときに行われる一般的な方法である。

モータが回転するに従い、逆起電力と呼ばれる電圧が巻線に発生する。図9.10はブラシレスDCモータに発生する逆起電力の基本的な近似波形を示す。実際の回路では、電圧のかかっていない巻線の波形は、これとは大幅に異なる可能性がある。

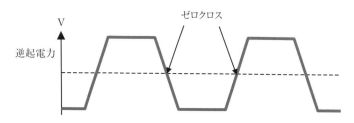

図9.10　理想的な逆起電圧波形

モータの逆起電力を直接測定できないので、ゼロクロスを検出することは難しい。なぜ難しいかは、図9.11の回路から示すことができる。この回路はブラシレスDCモータの等価回路と制御回路を示している。

同図で、三相巻線の中性点と呼ばれる0点が接続されている。もし0点の電圧を知ることができれば、浮いた相の逆起電圧のゼロクロスを計って直接決定することが可能となる。

残念ながら、一般にモータには中性点の巻線が出ておらず測定できないため、仮想的な中性点をP点として設定する。P点からの各巻線の電位V_Pを測ることでゼロクロスを検出できる。それには以下の4つの段階を踏むことになる。

① V_Pと三相巻線（V_A, V_B, V_C）電圧との関係
② V_Oと2つの励磁された巻線電圧との関係
③ V_Oと浮いた巻線と浮動逆起電力の電圧との関係
④ 浮動逆起電力の解決結果のまとめ

Chapter 9 Arduinoベースの電子速度制御

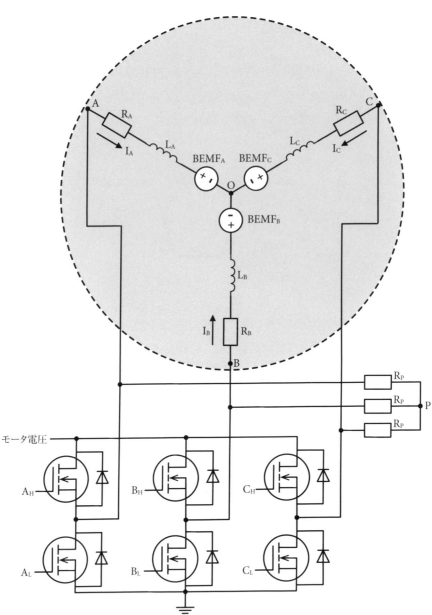

図9.11 逆起電圧の検出回路

9.3.1　ステップ1：V_Pと三相巻線（V_A, V_B, V_C）の電圧との関係

仮想中性点Pは各巻線から同一抵抗R_Pで接続することで構成する。P点の電位は端子電圧からキルヒホッフの法則に従って以下のように計算できる。

$$\frac{V_A - V_P}{R_P} + \frac{V_B - V_P}{R_P} + \frac{V_C - V_P}{R_P} = 0$$

$$V_A + V_B + V_C - 3V_P = 0$$

$$V_P = \frac{V_A + V_B + V_C}{3}$$

9.3.2　ステップ2：V_Oと2つの励磁された巻線電圧との関係

図9.11においてB_HとC_Lがオンで残りがオフとする。巻線Bが電源と接続され、巻線Cがグランドに接続されている。他のスイッチがオープンであるから、巻線Aには電流が流れていないので電圧はフローティグされている。$I_A = 0$であるので$I_C = -I_B$である。

励磁された巻線は電流が流れることに対応した逆起電力を発生する。巻線Bと巻線Cには同じ大きさで方向が逆の電流が流れているので、逆起電力も同様である。言い換えれば、$I_C = -I_B$、$BEMF_C = -BEMF_B$である。

巻線B（$V_B - V_O$）と巻線C（$V_C - V_O$）の電圧を比較する。以下の式で計算できる。

$$V_B - V_O = I_B R_B + L_B \frac{dI_B}{dt} + BEMF_B$$

$$V_C - V_O = I_C R_C + L_C \frac{dI_C}{dt} + BEMF_C$$

抵抗とインダクタンスは両巻線とも同じである。電流と逆起電力との関係を入れ替えると次式になる。

$$V_B - V_O = -I_C R_C - L_C \frac{dI_C}{dt} - BEMF_C$$
$$= -(V_C - V_O)$$

さらにこの関係を整理すると以下の式を得る。

$$V_O = \frac{V_B + V_C}{2}$$

9.3.3　ステップ3：V_Oと浮いた巻線と浮動逆起電力の電圧との関係

A_HとA_Lがオープンであるとすると、巻線Aには電流が流れない。このことからR_AとL_Aの電圧降下が生じない。そのため、巻線Aを通る電圧は以下のように計算できる。

$$V_A - V_O = BEMF_A$$

V_Oについて書き換えると以下の式となる。

$$V_O = V_A - BEMF_A$$

9.3.4　ステップ4：浮動逆起電力の解決結果のまとめ

3つの式が得られたので、V_Oに対して2つの式、V_Pに対して1つの式が得られる。

$$V_O = \frac{V_B + V_C}{2}$$

$$V_O = V_A - BEMF_A$$

$$V_P = \frac{V_A + V_B + V_C}{3}$$

2つの式を加えると、以下の式を得る。

$$BEMF_A = \frac{2V_A - V_B - V_C}{2}$$

3番目の式を代入すると、以下の式が得られ、これが最終式となる。

$$V_P - V_A = -\frac{2}{3}BEMF_A$$

浮動逆起電力の正確な値は重要ではない。重要なのは、$V_P - V_A$がゼロに等しい瞬間にゼロを横切ることである。同様に、$V_P - V_B$がゼロに等しい場合、巻線Bの浮動逆起電力はゼロに等しく、$V_P - V_C$がゼロに等しい場合には、巻線Cの浮動逆起電力はゼロに等しい。そのため、$V_P - V_A$、$V_P - V_B$、$V_P - V_C$を測定すれば、コントローラは各巻線のゼロクロス点を簡単に検出することができる。

9.4 回路図の設計

Arduino MegaやArduino Motor Shieldのように、ESCシールドもEAGLE回路デザインツールを使用する。デザイン過程は、部品のシンボルで回路図を描き、部品から実際の回路をレイアウトする2つのステップに分けられる。本節では回路図の設計を行うが、ESCシールドの回路は以下の4つのサブ回路に分けられる。

- ヘッダ接続
- MosFETとMosFETドライバ
- ゼロクロス検出

以降、それぞれのサブ回路について説明し、どのような回路図になるかを示す。EAGLEを持っているなら、本書のサポートページ（https://gihyo.jp/book/2018/978-4-297-10113-8）からアーカイブ（mfm.zip）をダウンロードして回路図を印刷できる。回路図ファイル（esc_shield.sch）は「Ch12フォルダ」にある（訳注：原著では本章は第12章となっている）。

9.4.1 ヘッダ接続

Arduinoを利用する利点は、拡張ボードに対して理想的な接続が可能なことである。それは、Arduinoボードは同一サイズで同じ位置のコネクタをもっているためである。

第6章の復習をしてみよう。2つのボードを比較すると、両者とも10ピンが4つ、8ピンが2つ、6ピンが1つのコネクタを持っており、4つのコネクタが同一配置されている。

ESCシールドは、同様のヘッダを使用してArduinoボードに接続する。さらに、ブラシレスDCモータと電源に接続する2つのヘッダがある。図9.12は、4つのArduinoヘッダ（J1〜J4）、ブラシレスDCモータヘッダ（J5）、および電源ヘッダ（J6）を示している。

Chapter 9 Arduinoベースの電子速度制御

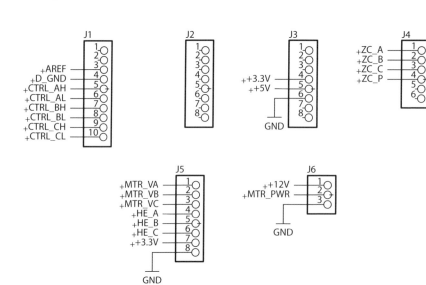

図9.12 端子の配置図

この図はESCシールド全体で使用されている信号名を示している。表9.3にこれらの信号とそのヘッダを示す。

表9.3 ESCシールド信号

信号	説明
CTRL_AH	巻線Aのハイサイド制御信号
CTRL_AL	巻線Aのローサイド制御信号
CTRL_BH	巻線Bのハイサイド制御信号
CTRL_BL	巻線Bのローサイド制御信号
CTRL_CH	巻線Cのハイサイド制御信号
CTRL_CL	巻線Cのローサイド制御信号
ZC_A	巻線Aのゼロクロス検出
ZC_B	巻線Bのゼロクロス検出
ZC_C	巻線Cのゼロクロス検出
ZC_P	仮想中性点の電圧
HE_A	巻線Aのホール効果信号
HE_B	巻線Bのホール効果信号
HE_C	巻線Cのホール効果信号

9.4.2 MosFETとMosFETドライバ

ESCシールドはドライブ主回路素子としてMosFETを使う。ESCシールドは、MosFETを使用して、ブラシレスDCモータとMosFETドライバに電力を供給する。ブラシレスDCモータの各巻線には一対のMosFETが必要で、各ペアは単一のMosFETドライバで制御される。したがって、ESCシールドは、3つのMosFETドライバと6つのMosFETで構成されることになる。図9.13に回路を示す。

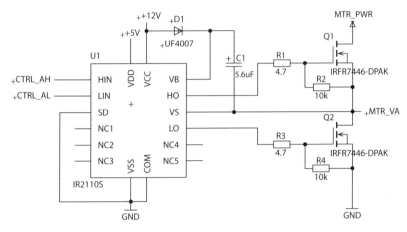

図9.13　MosFETドライバの回路図

図中で、C1はVBの電圧を昇圧するブートストラップコンデンサであり、この値は4.7 μFである。

ゲートとMosFETの間に10 kΩの2つの抵抗を接続した。静電気と同じように外部電圧によってMosFETがオンすることを防止するためのトランジスタのゲートをプルダウンする働きをしている。

4.7 Ωの抵抗を直列に接続してあるが、この抵抗により0.8％程度スイッチング効率が悪化するが、回路のリンギングを防止する働きが高く安定する。このことについての詳細は、Fairchild Semiconductor社（2016年にON Semiconductor社に買収された）のAB-9アプリケーションを参照してほしい。

9.4.3　ゼロクロス検出

図9.14にゼロクロスをP点の電圧から検出する回路を示す。Arduinoは0〜5Vのアナログ入力しか利用できない。モータ電圧はかなり大きいため、分圧してモータ電圧を処理する必要がある。コンデンサはモータ電圧のリンギングのフィルターの役割をする。

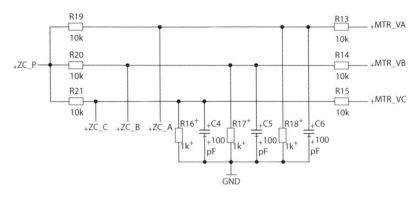

図9.14　ゼロクロス検出回路

9.5　基板設計

回路図の設計が完了したら、次のステップとして回路基板を設計する。Arduinoシールドのために確立されたコンベンションに合わせて、寸法は2.1インチ×2.7インチで、4つのArduinoヘッダ（J1〜J4）は長い辺に配置させる。モータに接続するJ5ヘッダは短い1辺に配置される。外部電源に接続するJ6ヘッダは、もう一方の短辺に配置される。

このシールドは、6つのMosFETと3つのMosFETドライバをすべて同じ側に収容するには十分な大きさではないので、MosFETをフロント側に配置し、MosFETドライバはリア側に配置した。図9.15に、フロント側の概観を示す。

右下には抵抗ネットワークがあり、仮想中性点の電圧を測定できる。この電圧と3つの巻線の電圧は、4つのアナログ入力ピンを介してマイクロコントローラに送られる。

図9.16にESCシールドのリア側を示す。こちら側にMosFETのゲートに電流を供給する3つのMosFETドライバが配置される。

幅の異なるプリントパターンは、異なる電力量を運ぶことになる。つまり、より大きな電力を運ぶプリントパターンは、より少ない電力を運ぶプリントパターンよりも広い幅を持っている。これは、モータに電力を供給するプリントパターンがアナログ信号を伝送するプリントパターンよりも広い理由である。

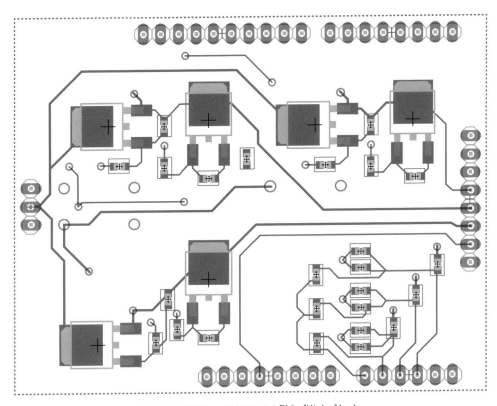

図9.15　ESCシールドのフロント側のプリントパターン

Chapter 9　Arduinoベースの電子速度制御

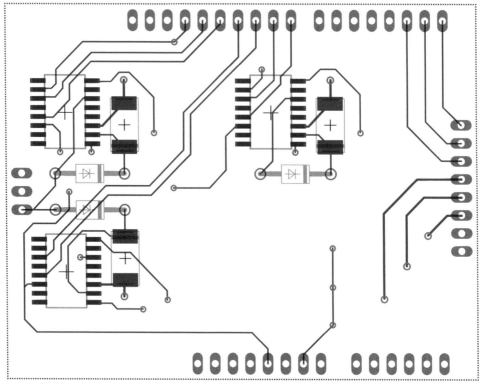

図9.16　ESCシールドのリア側のプリントパターン

9.6　ブラシレスDCモータの操作

本節で回路の動作と操作法を解説する。ブラシレスDCモータにどのように電力を供給するのかを解説する。最初に、ブラシレスDCモータの駆動原理を解説し、どのようにArduino sketchでプログラミングするのかを説明する。

9.6.1　ブラシレスDCモータの操作の基本

ブラシ付きDCモータとは異なり、ブラシレスDCモータは通常状態の駆動に入る前に、センサレス駆動では始動の段階を踏む必要がある。この始動段階は次のような手順となる。

① 初期始動状態にロータをセットする
② 正方向ないし逆方向にモータをゆっくりと始動させる
③ モータの仮想中性点を検出できる速度までロータを加速する
④ ゼロクロスを測定することで、励磁のタイミングに従ってモータ巻線を励磁する

第1段階では初期位置を決定するため、三相巻線全部に励磁する。より正確にいうと、巻線Aを励磁するためハイサイドをオンにし、巻線BとCをローサイドにオンにする。図9.17にどのような接続になるかを示した。

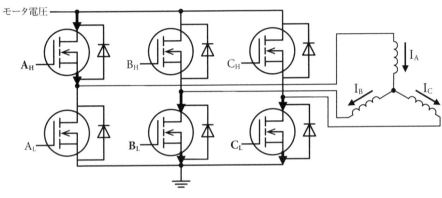

図9.17 ロータ方向の設定

コントローラから過度の電流を供給しようとすると、ロータは急激に回転し初期位置になるまで振動する。そのため、コントローラから低いデューティー比でロータの回転方向が設定されるまで励磁するようにする。

次の段階で逆起電力がゼロクロスを検出できるまでの速度になるようロータを加速する。これを満足させるまでコントローラはオープンループでモータを加速する。図9.18はこの動作の概念図を示す。

Chapter 9 Arduinoベースの電子速度制御

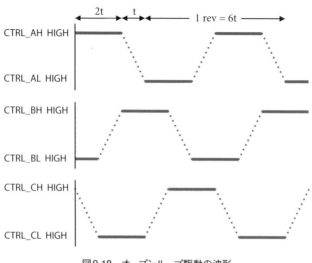

図9.18　オープンループ駆動の波形

この図で、それぞれのスイッチは2t時間分開いていて、フローティング状態の巻線はt時間で右に移動していく。6t時間で1回転するので要求速度がω_{goal} rpmとするなら、これらの関係は次のようになる。

$$\frac{1 \text{ rev}}{6t \text{ sec}} = \left(\frac{\omega_{goal} \text{ rev}}{1 \text{ min}}\right)\left(\frac{1 \text{ min}}{60 \text{ sec}}\right)$$

$$t = \frac{10}{\omega_{goal}}$$

例えば400 rpmで回転させようとした場合、tは0.025秒にしなければならない。しかし最終の時間tを設定する前に、モータの回転をモニターし、時間を前後させて最適な値を決定する必要がある。

前述したように、コントローラはモータの仮想中性点の電圧を測定することによってモータの速度を決定する。この電圧を各巻線の電圧と比較することにより、コントローラはゼロクロス間隔を測定し、ブラシレスDCモータの回転速度を決定することができる。

 9.6.2　Arduinoを通したブラシレスDCモータのインターフェイス

Arduino Megaは8bitプロセッサのため高い能力は期待できないが、これまで示した駆動方法でブラシレスDCモータの駆動は可能だ。第6章でArduino Megaの基本的なプログラ

ミング方法を示した。ピン2〜12がPWMと接続されていたように、このボードでも6つのピンがパルスを出力するために必要となる。

加えてピンA0からA3まででゼロクロス電圧を測定する。表9.4にESCシールドの信号ピンを示す。

表9.4　ESCシールドの信号ピン

Arduino ID	信号	説明
13	CTRL_AH	巻線Aのハイサイド制御信号
12	CTRL_AL	巻線Aのローサイド制御信号
11	CTRL_BH	巻線Bのハイサイド制御信号
10	CTRL_BL	巻線Bのローサイド制御信号
9	CTRL_CH	巻線Cのハイサイド制御信号
8	CTRL_CL	巻線Cのローサイド制御信号
A0	ZC_A	巻線Aのゼロクロス検出
A1	ZC_B	巻線Bのゼロクロス検出
A2	ZC_C	巻線Cのゼロクロス検出
A3	ZC_P	仮想中性点の電圧

ブラシレスDCモータ制御の第1段階では、ロータを既知の向きにすることが目標となる。これを達成するために、コントローラには巻線A (CTRL_AH) のハイスイッチ、巻線Bのロースイッチ (CTRL_BL)、巻線Cのロースイッチ (CTRL_CL) に電力を徐々に供給する。スクリプトではanalogWrite関数を呼び出して、デューティー比を時間の経過とともに増加させる。

ロータが所定の位置に来ると、マイクロコントローラは巻線に順番に電力を供給しながらモータの動作を開始する。巻線Aの場合、ハイスイッチ (CTRL_AH) にはロースイッチをオフにし、次にロースイッチ (CTLR_AL) にはハイスイッチをオフにし、その後はスイッチに電源を供給しない。コントローラは、3つの巻線すべてに同様のシーケンスをずらして送信する。

モータが回転すると、コントローラは仮想中性点を監視する。この値を各巻線の電圧と比較することにより、コントローラは巻線の逆起電力がゼロを横切る時間を決定する。ゼロクロス間の間隔を測定することにより、コントローラはパルスをモータにいつ送るかを決定することができる。

リスト9.1のスクリプトは、ブラシレスDCモータの制御プロシージャをArduinoボード上で近似する方法を示している。ESCシールドは、電源、ブラシレスDCモータ、互換性のあるArduinoボードのヘッダに接続する必要がある。これにより、コントローラはパルスをモータに送るタイミングを決定できる。

Chapter 9 Arduinoベースの電子速度制御

リスト9.1 bldc.ino ブラシレスDCモータの制御

```
/* This sketch controls a BLDC by applying voltage to the
six switches on the ESC Shield discussed in Chapter 12 */

// Assign names to the pins
int i, t, va, vp;
int old_time, zc_interval;
int ctrl_ah = 13;
int ctrl_al = 12;
int ctrl_bh = 11;
int ctrl_bl = 10;
int ctrl_ch = 9;
int ctrl_cl = 8;
int zc_a = 0;
int zc_b = 1;
int zc_c = 2;
int zc_p = 3;

int time_goal = 50;

void setup() {

  // Bring rotor to a known initial position
  for (i=0; i<255; i+=5){
    analogWrite(ctrl_ah, i);
    analogWrite(ctrl_bl, i);
    analogWrite(ctrl_cl, i);
    delay(60);
  }

  // Set initial timing value
  old_time = millis();

  // Start turning the rotor slowly
  for (t=500; t>200; t-=50) {
    rotate(t);
  }
  t = 200;
}

void loop() {

  // Check for zero-crossing
  vp = analogRead(zc_p);
  va = analogRead(zc_a);
  if((vp - va < 10) || (va - vp < 10)) {
    zc_interval = millis() - old_time;
    old_time = millis();
```

9.6 ブラシレスDCモータの操作

```
    if(zc_interval - time_goal > 50) {
      t -= 25;
    }
    else if(time_goal - zc_interval > 50) {
      t += 25;
    }
  }

  // Rotate the BLDC
  rotate(t);
}

// Rotate the motor at the given value of t
void rotate(int t) {
  digitalWrite(ctrl_ah, HIGH);
  digitalWrite(ctrl_al, LOW);
  digitalWrite(ctrl_bh, LOW);
  digitalWrite(ctrl_bl, HIGH);
  digitalWrite(ctrl_ch, LOW);
  digitalWrite(ctrl_cl, LOW);
  delay(t);

  digitalWrite(ctrl_ah, HIGH);
  digitalWrite(ctrl_al, LOW);
  digitalWrite(ctrl_bh, LOW);
  digitalWrite(ctrl_bl, LOW);
  digitalWrite(ctrl_ch, LOW);
  digitalWrite(ctrl_cl, HIGH);
  delay(t);

  digitalWrite(ctrl_ah, LOW);
  digitalWrite(ctrl_al, LOW);
  digitalWrite(ctrl_bh, HIGH);
  digitalWrite(ctrl_bl, LOW);
  digitalWrite(ctrl_ch, LOW);
  digitalWrite(ctrl_cl, HIGH);
  delay(t);

  digitalWrite(ctrl_ah, LOW);
  digitalWrite(ctrl_al, HIGH);
  digitalWrite(ctrl_bh, HIGH);
  digitalWrite(ctrl_bl, LOW);
  digitalWrite(ctrl_ch, LOW);
  digitalWrite(ctrl_cl, LOW);
  delay(t);

  digitalWrite(ctrl_ah, LOW);
  digitalWrite(ctrl_al, HIGH);
  digitalWrite(ctrl_bh, LOW);
  digitalWrite(ctrl_bl, LOW);
```

```
    digitalWrite(ctrl_ch, HIGH);
    digitalWrite(ctrl_cl, LOW);
    delay(t);

    digitalWrite(ctrl_ah, LOW);
    digitalWrite(ctrl_al, LOW);
    digitalWrite(ctrl_bh, LOW);
    digitalWrite(ctrl_bl, HIGH);
    digitalWrite(ctrl_ch, HIGH);
    digitalWrite(ctrl_cl, LOW);
    delay(t);
}
```

　セットアップ機能は、ブラシレスDCモータ制御プロセスの最初の2つのステップを実行する。つまり、CTRL_AH、CTRL_BL、およびCTRL_CLに送られるPWM信号のデューティー比を徐々に増加させることによってロータの向きを設定する。次に、回転機能を呼び出すことによって回転子の回転を開始する。回転機能は、図9.18に示した方法で巻線に電力を供給する。

　ループ機能は、仮想中性点の電圧vpと巻線Aの電圧vaを測定することから始まり、これらの値が互いに十分に近い場合、ゼロクロスが検出される。モータが希望する速度よりも遅い場合は時間遅延（t）の値は減少する。モータが希望する速度よりも速い場合は時間遅れの値は増加する。

　このスクリプトには大きな欠点が1つあり、ゼロクロス検出は巻線への電力供給とは別のスレッドで実行する必要があることである。残念ながら、Arduinoによるプログラミングではスレッドをサポートしないため、ESCシールドではブラシレスDCモータを制御する能力が限られている。しかし、本章で説明した設計プロセスは、汎用のESC回路の開発に応用できるだろう。

9.7 まとめ

　本章の大部分は、モータの電源をオン／オフするスイッチング回路に焦点を当てている。ESCシールドでは、スイッチとして機能するためにMosFETが採用されている。しかし、MosFETを完全にオンにするには、ゲート電圧をドレイン電圧より高くしなければならず、ゲートの電荷をすばやく動かす必要がある。高電圧と高電流を供給するために、ESCはMosFETドライバに依存する。

9.7 まとめ

　ブラシレスDCモータを効果的に制御するため、制御回路はその電力供給をロータの向きと同期させる必要がある。ほとんどのモータにはセンサがないため、回路はブラシレスDCモータの巻線の逆起電力を測定することによってロータの向きを測定する必要がある。本章では、逆起電力のゼロクロスを測定することにより、モータを効果的に制御する方法を説明した。

Chapter 10
クワッドコプタの設計

本章は、原著に忠実に翻訳しましたが、動作検証はしておりません。ご了承ください。

Chapter 10 クワッドコプタの設計

クワッドコプタのプロペラ駆動にはモータが使われる。クワッドコプタや遠隔操縦される航空機はとても注目されており、宅配物の配送利用などに多くの企業が関心を示している。一方で、プライバシー侵害の観点から懐疑的な意見もある。

どちらの立場に立とうとも、クワッドコプタの制作にチャレンジすることは魅力的である。本章で解説する設計プロセスにおいては、簡潔さと信頼性を重視した。ここで扱うクワッドコプタは、競技会などで記録を出せるようなものではないが、より低コストで製作できる。

原著者はクワッドコプタの専門家ではないものの、本章で解説するとおりに製作して、そのオリジナルなクワッドコプタを飛ばすことができた。以降、部品構成の決定と部品選定のプロセスを解説する。設計のプロセス全体を通して優先したことは、信頼性を確保しつつシンプルな構成とすることである。したがって、このクワッドコプタは、先述のとおり、競技会で記録を出すような性能を持っていないものの、信頼性が高くコストを抑えることができた。

まずはクワッドコプタを製作するための、それぞれの部品に対する設計法について、フレームから始め、プロペラ、モータの選定を説明する。クワッドコプタを設計するための基本となる、プロペラの直径、ピッチ、回転速度と上昇力の関係式を導き出すことで、部品の選定ができるようになる。

本章の多くの部分は、クワッドコプタに要求される電力と制御に多くのページを割いた。これらは4つのサブシステムに分けることができ、受信機、飛行制御装置、電子速度制御 (ESC)、およびバッテリで構成される。これらのサブシステムがどのように接続されているかは最後に解説する。

10.1 フレーム

クワッドコプタのフレームは、電気制御装置、モータ、プロペラ、その他のすべての部品を支えている。また、飛行装置に損害を与えることなく着陸できるようにするための機能も併せ持っている。そのため、フレーム選択は最も重要な選択事項の1つとなる。

第1の選択ポイントは材質である。一般的に、フレームには以下の4つの材質が使用されている。

アルミニウム　　　：振動や屈曲の衝撃に強い、高価
カーボンファイバ　：軽くて硬い、振動を吸収、高価
プラスチック　　　：重い（材質による）、振動吸収に優れる、安価
木材　　　　　　　：振動吸収に優れる、壊れやすくひずみが残る、安価

プロ用や高性能機では、無線周波数を妨害するという欠点はあるものの、軽量で非常に強い剛性を持っているカーボンファイバが一般的である。主な欠点は、価格が数千ドルから一万ドルと高いことである。したがって、コストの面からはプラスチックが適している。カーボンほど剛性もないし軽くもないが、耐久性があり、しかも壊れたときの修理が簡単である。

このような理由から、フレームとして、グラスファイバと呼ばれる強化プラスチックでできていて、通常の使用ではクラッシュなどに対しても損傷なしで使用できるHoverThings社が設計したFlip Sportを使用した。図10.1に写真を示す。

図10.1　クワッドコプタのフレーム

このフレームは、組み立てが容易であり、衝撃に耐えられ、さらに次のような特徴がある。

- フレーム重量は200 g
- モータから反対側のモータまでの距離が385 mm
- 価格は89.9ドル

プロペラの最大直径はフレームの形状で決まるのだが、8インチ、9インチ、10インチのプロペラを推奨している。

10.2 プロペラ

プロペラの設計では、以下のような考慮すべき3つのポイントがある。

- 直径
- ピッチ
- 材質

材質は、プラスチック、ナイロン、カーボンファイバが考えられる。カーボンファイバのプロペラは、それほど高価ではないため、これを使用することにする。

最初の2つのポイントが重要で、非常に多くの種類のサイズと形状のものが利用可能となっている。選定に際して、直径とピッチが動作に与える影響を理解することが重要なので、以降、プロペラが浮上力に及ぼす影響について数学的な検討を行う。

 10.2.1　プロペラの力学

プロペラの目的は浮上や推進力を発生することである。ヘリコプタやクワッドコプタにおいて、浮上力は一般に揚力あるいは推力と呼ばれる。設計上では、最小の電力でクワッドコプタを浮上させるのに十分な力を発生するプロペラを選定することが課題となる。

したがって、プロペラ直径、ピッチ、回転速度が浮上力とどのような関係にあるかを知ることが、選定の重要なポイントとなる。

インターネット上でも、この課題に対する数多くの回答が見いだせる。なお、以下の式が一般的な関係式となっている。

$$P = 1.31 p d^4 \omega^3$$

p はピッチで d は直径で、いずれも単位はフィートである。ω は RPM で表した回転速度である。P はワットで表したプロペラの電力である。この式は、Robert J. Boucher が執筆した「Electrical Motor Handbook」で初めて紹介されたようだ。ただし、この式がどのように導出されたかについての記述はなかった。

原著者はプロペラ動力学の専門家ではないので、基本的なことは Gabriel Staples という航

空宇宙技術者のブログ (https://www.electricrcaircraftguy.com) を参照してほしい。以降の記述も、このブログを参考にした。

浮上力とは

Wolfgang Langewiesche著「Stick and Rudder」(訳注：プレアデス出版より2001年に訳本が出版されたが、現在は入手困難) の中で、翼は空気を押し下げることで飛行機を上昇させているだけであり、非常に単純なものと結論づけている。同様のことがクワッドコプタでもいえる。つまり浮上力がシステムの重量を上回ることでクワッドコプタが浮上する。

プロペラによる影響を受けないと、空気は自由流状態にある。この状態では、空気は単純に流れるだけであり、その速度をv_0とする。

プロペラによって押し下げられた空気は「吹きおろし」と呼ばれる。吹きおろしの速度は流出速度v_eと呼ばれる。図10.2はv_0とv_eの基本的関係を示している。

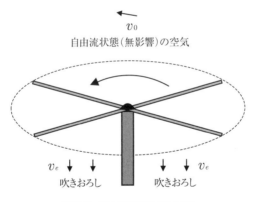

図10.2　自由流状態と吹きおろし

プロペラのそばの空気速度はv_0からv_eに瞬時に変化することはできない。時間的な速度の変化は加速度と定義されるが、下向きの力は加速度と空気の重量mの積として表せる。

$$F = m\left(\frac{v_e - v_0}{t}\right)$$

質量の変化として力の表現を変形すると以下の式を得る。

$$F = \frac{dm}{dt}(v_e - v_0) = \dot{m}(v_e - v_0)$$

Chapter 10 クワッドコプタの設計

この式から、空気の速度は上側と下側で一定とすると、時間とともに下方の質量が変化することになる。経時的な質量の変化は質量流量と呼ばれ、$\dot{m}$で表される。

質量流量比

質量流量を直接測定することはできないが、測定した結果から表現できる。空気の質量は密度と体積の積で表される。密度はρで、体積はVで表し、式は$m = \rho V$となる。

図10.3にあるように、プロペラの半径をrとすると、プロペラの上の空気のシリンダ体積は$\pi r^2 h$となる。

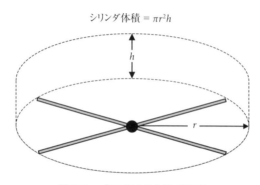

図10.3 プロペラ上のシリンダ質量

シリンダの質量は次式で表される。

$$m = \rho \pi r^2 h$$

時間tの間にプロペラを通る空気の質量の変化は、次式で表される。

$$change = \rho \pi r^2 \left(\frac{h}{t} \right)$$

高さhと時間tがゼロに近づくと、時間に対するシリンダの高さの導関数として表される。この導関数は、空気の吹き出し速度v_eと等しい。質量変化は質量流量と等しくなり、これは以下の式で表される。

$$\dot{m} = \rho \pi r^2 v_e$$

この式を先の力の式に代入すると以下の式を得る。

$$F = \dot{m}(v_e - v_0) = \rho \pi r^2 v_e (v_e - v_0) = \rho \pi r^2 (v_e^2 - v_e v_0)$$

プロペラの長さは直径dで与えられるので、メートルに直すために0.0254を掛けて以下の式となる。

$$F = \frac{\rho \pi (0.0254 d)^2}{4}(v_e^2 - v_e v_0) = (5.067 \cdot 10^{-4}) \rho d^2 (v_e^2 - v_e v_0)$$

国際標準大気モデルによる、15℃での海面の空気密度は$1.225\,\text{kg/m}^3$である。この値をρと置き換えると、次式となる。

$$F = (6.207 \cdot 10^{-4}) d^2 (v_e^2 - v_e v_0)$$

ここでは、直径がインチで、速度がm/sで与えられるとしている。

プロペラピッチ

例えば2本のネジを手に取って木などにねじ込むとき、両者の埋め込みの深さに違いが出てくる場合がある。ネジを1回転させて埋め込まれる深さは、ネジピッチと呼ばれる。もし手元のネジが1/4インチのピッチであるとすると、1回転させた場合は1/4インチ埋め込まれる。

プロペラピッチもこれと同じ働きをする。理論上、プロペラピッチは1回転ごとにどの程度移動するかを示している。運動はプロペラの回転と垂直方向である。移動距離をxとするとピッチは以下の式で表される。

$$\text{pitch} = \frac{\text{x}}{\text{rotation}}$$

力の式とピッチを関連させるため、出口速度がxの時間変化と等しいとする。このことから、以下の式を得る。

$$v_e = \frac{dx}{dt} = \frac{d(\text{pitch} \cdot \text{rotation})}{dt} = \text{pitch} \cdot \frac{d(\text{rotation})}{dt} = \text{pitch} \cdot \omega$$

ここでωはプロペラの角速度である。

$$v_e = p \cdot \left(\frac{0.0254\,\text{m}}{\text{in}}\right) \cdot \omega \cdot \left(\frac{1\,\text{min}}{60\,\text{sec}}\right) = (4.233 \cdot 10^{-4}) p \omega$$

Chapter 10 クワッドコプタの設計

力の式に代入して以下の式を得る。

$$F = (2.628 \cdot 10^{-7})d^2[(4.233 \cdot 10^{-4})(p\omega)^2 - p\omega v_0]$$

しかし、この式はプロペラの実際の吹きおろしを表現していないとの指摘がある。問題は、回転あたりプロペラがどの程度進むかが正確に表現されていないことである。言い換えれば、v_c は dx/dt によって正確に近似することはできない。実験データと方程式を一致させるように、Gabriel Staples は、プロペラのピッチ比の逆数を含む (p/d) 項によって力の式を表現し以下の結果を導き出した。

$$F = (2.628 \cdot 10^{-7})d^2[(4.233 \cdot 10^{-4})(p\omega)^2 - p\omega v_0]\left(\frac{d}{3.29546p}\right)^{1.5}$$

正確に力を表現する式は、実用上は重要ではなく、この式は以下の2つの結果のほうが重要である。

- 直径、ピッチ、速度のうち直径が力の発生に大きな影響を与える
- 直径や速度と比較すると、プロペラのピッチの影響は比較的軽微である

以降、この結果からプロペラの選定を行っていく。

10.2.2 プロペラの選定

対極にあるモータ間の距離は、選択した Flip Sport というフレームでは 385 mm である。そのため、モータシャフト間の距離は 272.24 mm となる。図 10.4 にその関係を示す。

プロペラブレードが接触しないようにするためには、それぞれのプロペラの直径は 10.72 インチ以下である必要があり、10 インチの直径のものを使用する。

10 インチの直径のプロペラを調べると、ピッチの値は 4.5 インチと 4.7 インチの間にあるようなので、タロット RC ヘリコプタの 10×4.5 (10 インチ径、4.5 インチピッチ) カーボンファイバプロペラを選定した。図 10.5 にその写真を示す。

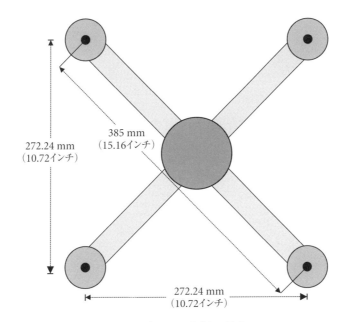

図10.4　プロペラ最大直径の決定

図10.5　プロペラの写真

　ヘリコプタのプロペラは、CW用とCCW用が回転方向に適するように特別に生産されている。一般にはペアで販売されている。クワッドコプタに装着する際には、回転方向に注意してそれぞれが対になるように装着する必要がある。

10.3 モータ

通常サイズのクワッドコプタには、10×4.5プロペラはかなり大きいため、空中にシステムを維持するのには、十分な速度で回転可能なトルクのモータが必要となる。誘導起電力定数Kvの大きなモータは、高速で回転できるがトルクは小さいため、ここで用いるモータはKvの小さいものを選定する。

クワッドコプタはバッテリ駆動であるためDCモータが使われるが、より高効率なブラシレスDCモータを選定する。

モータ選定の際には、シャフトの直径も重要となり、プロペラとフレームの内側に的確にフィットさせることが重要である。タロットプロペラは5 mm径なので、この値のシャフト径のものを選定する。

ブラシレスDCモータの条件として、低いKvで軸径5 mm以下という制約がある。これらの基準に基づいて、T-Motor社のMN3110 KV470モータを選択した。図10.6に、このブラシレスDCモータの外観を示す。

図10.6　T-Motor社のMN3110 KV470ブラシレスDCモータ

このモータのKvは470で、市販されているほとんどのブラシレスDCモータよりも低い値である。さらに、シャフトの軸径は4mmで、タロットRCヘリコプタのプロペラの1つに収まるのに十分な大きさになっている。表10.1に、MN3110 KV470モータの全特性を示す。

表10.1 MN3110 KV470モータの全特性

特性	値
Kv	470
シャフト軸系	4mm
重量	80g
10Vでのアイドル電流	0.3A

モータの電気的特性によって、使用するバッテリの種類が決まるが、これについては次節で説明する。以降、クワッドコプタの電子部品をどのように選択したかを示す。

10.4 電子部品

ここまでで機体部品の選定が完了したので、本節では電子部品の選定を行う。クワッドコプタで最小限必要な回路は以下の4つに分けられる。

- **送受信機**　　　　：ユーザからクワッドコプタへ制御信号を送受信する
- **フライトコントローラ**：駆動パルスをESCへ供給する
- **ESCドライバ**　　：モータに電力を供給する
- **バッテリ**　　　　：クワッドコプタに電力を供給する

図10.7に、上記の回路のうち3つの制御回路構成を示す。この図にはバッテリは表示されていないが、受信機、フライトコントローラ、ESCドライバに電力を供給している。

Chapter 10 クワッドコプタの設計

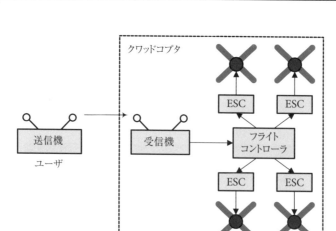

図10.7 制御回路構成

本節では、先にリストした4つの回路について解説する。いずれの場合も、選択基準を提示し、ハードウェア選択の背後にある思考プロセスを解説する。

 10.4.1 送受信機

クワッドコプタの制御は、送信機から送信されるラジオ周波数(RF)を受信機で受信することで行われる。送信機は複雑な構成となり高価だが、受信機は単純な構成となり安価なのが一般的である。

送受信機では、チャンネルという概念に親しむことが重要で、RF通信では、1つのチャンネルで独立したデータの流れを表す。RC航空機をコントロールする場合は、それぞれのチャンネルが独立したアクチュエータを制御している。例えば、1つのチャンネルで補助翼を制御しながら別のチャンネルではフラップを制御している。

クワッドコプタでは最低4チャンネルが必要で、これらは、上昇、ロール、ピッチ、ヨーを制御する。加えて多くのクワッドコプタは、動作のさまざまな側面を制御するため、追加入力が必要となり、最新の送信機や受信機は、少なくとも6つのチャンネルをサポートしている。

送信機

送信機の選定に際して、モードが考慮すべき重要な点である。送信機モードはどのチャンネルが左右のスティックに影響するかを決定する。最も一般的なモードはモード2で、左のスティッ

クが従来のRC航空機のラダーとスロットルを制御し、右のスティックでエルロンとエレベータを制御する。このことを明確にするために、図10.8でSpektrumのモード2 DX6iという送信機上のスティックとスイッチに対応するチャンネルを示した（訳注：本書翻訳時では、DX6iは販売終了し、DX6eという機種が販売されている）。

図10.8　Spektrumのモード2 DX6i送信機

その他のRC送信機の機能は以下のとおりである。

モデルメモリ　　　：異なる機器の設定を保存する
トリム　　　　　　：操作上の微調整を可能にする
プログラマビリティ：PCに接続して、PC上で設定を可能とする
ミキシング　　　　：コントロールサーフェイスのペアを同時コントロール可能なように、チャンネルを組み合わせる
LCDディスプレイ　：送受信機のペアリング情報を表示する

Chapter 10 クワッドコプタの設計

クワッドコプタでは、これらの機能があると便利ではあるが必要不可欠なものではない。したがって、RC航空機用送信機の大部分はクワッドコプタ制御が可能だ。本書ではSpektrum社のDX6iトランスミッタを選択した。他の多くの受信機よりも高価ではあるが、便利な多くの機能を持っている。DX6iを選択したのは、他に適した送信機を見つけることができなかったためである。

受信機

送信機の選定後、接続可能な受信機を選定する。互換性は、主に送信機の変調によって決定される。変調とは、制御データをRF信号に変換する方法のことで、表10.2に、3つの一般的な変調方式を示す。

表10.2　変調方式の説明

変調方法	説明
DSM2 (Direct Spectrum Modulation, 2nd generation)	グローバル一意識別子（GUID）を使用して、受信機を送信機に接続する
DSMX (Direct Spectrum Modulation X)	DSM2と同様で、2.4GHz帯では23の周波数間でホッピングする
FAAST (Futaba Advanced Spread Spectrum Technology)	グローバル一意識別子（GUID）を使用して、36の周波数ホッピングシーケンスの1つを識別

これらの方法は、スペクトラム拡散通信方式を用いることにより、チャンネル間の干渉を防ぐが、いずれも2.4GHz帯で動作するため、電波の有効範囲は見通し線内に制限される。DX6i送信機は、制御信号のためのDSMX変調を使用し、対応受信機はDSMXをサポートしている必要がある。このような理由から、AR610受信機を選択した。図10.9にその概観を示す。

10.4 電子部品

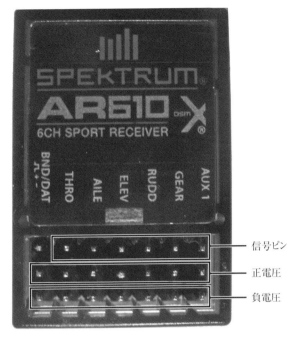

図10.9　AR610 6チャンネル受信機

　図のように、受信機のピンは、3行のグリッド内に配置されており、BND / DATの列を除いて、最初の行のピンは、飛行コントローラに制御信号を提供し、2行目と3行目のピンは、それぞれ、正および負の電圧を入力する。

　受信機を正常に動作させるためには、送信機とバインドする必要があり、互いを認識して通信できるように、受信機と送信機がそのIDを共有する必要がある。バインドの方法は、それぞれの受信機と送信機により異なる。

　例えば、AR610受信機をDX6i送信機にバインドするには、次の6つのステップが必要である。

① AR610のBIND / DATA列にピン間のプラグを挿入する

② DX6iをオフにし、スロットル（左スティック）を最も低い位置に移動する

③ 任意の隣接する正／負の端子間の電圧（3.5〜9.6 V）を接続することにより、AR610に電力を供給する

④ DX6iのトレーナー／バインドスイッチを押しながら、送信機の電源をオンにする（AR610のLEDが赤色に点滅を開始）

Chapter 10 クワッドコプタの設計

⑤ AR610のLEDが赤色一定になるまで、トレーナー／バインドスイッチを押し続ける

⑥ AR610のピンからプラグを外す

受信機と送信機が正常にバインドされていれば、送信機の電源をオンにし、受信機に電圧を供給すると、受信機のLEDが赤色一定となる。

 10.4.2　フライトコントローラ

フライトコントローラは、受信機からの入力信号からモータの制御信号を生成する。さらに、多くのコントローラは、GPSを介して自分の位置を決定し、ジャイロスコープと加速度センサを用いて車両の水平を維持し、カメラや大気センサにより周囲の環境を調査する。

フライトコントローラのほとんどは独自に開発されたもので、内部設計と操作に関するすべての情報は提供されない。OpenPilotコミュニティは、クワッドコプタの制御用に優れたオープンソースの飛行制御回路を公開している。

現時点では、2つのOpenPilotフライトコントローラボード、Revo (Revolution) とCC3D (CopterControl3D) が販売されている。Revoは、より多くの機能を提供しているが、OpenPilotネット (store.openpilot.org) で在庫がなく、図10.10に示したCC3Dを選択した。

10.4 電子部品

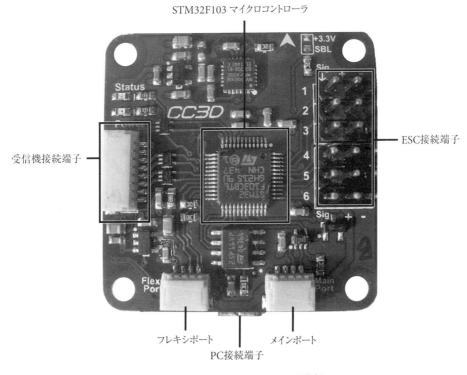

図10.10　CC3Dフライトコントローラ基盤

CC3Dは、以下の4つの特徴を持つ。

- 6チャンネル信号を受信できる
- STM32F103マイクロコントローラを使用してデータを処理し、パルスを生成する
- MPU-6000 6軸ジャイロスコープ／加速度計で、車両の動きと方向を測定する
- 設定データ保存用の16MBのフラッシュメモリを持つ

クワッドコプタが実際にどのように動作するかを知るためには、フライトコントローラがどのように動作するかを理解することが重要である。図10.11にCC3Dのフライトコントローラの簡略化したブロック図を示した。

Chapter 10 クワッドコプタの設計

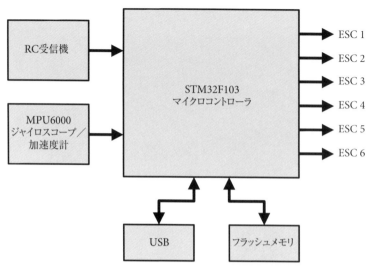

図10.11 フライトコントローラのブロック図

　クワッドコプタを制御するために、CC3Dは、2つの重要なデバイスを使用している。STM32F103マイクロコントローラは、着信データを処理し、ESCに制御信号を指令し、コントローラの頭脳として機能する。MPU6000ジャイロスコープ／加速度計は、クワッドコプタの角度方向と加速度を決定し、マイクロコントローラに情報をフィードバックする。

STM32F103マイクロコントローラ

　マイクロコントローラは組み込みアプリケーションで広く使用される。「第6章　Arduino Megaによるモータ制御」では、Arduino MegaがAtmelマイクロコントローラを使用してモータを制御する方法について述べた。CC3Dは、Arduino Megaのマイクロコントローラと同じ役割を果たすが、より多機能なSTM32F103マイクロコントローラでデータを処理する。

　STM32F103は、72 MHzの最大速度で動作する32 bitデバイスで、ARM提供のコアである。Raspberry Piとは異なり、マイクロコントローラ専用に設計されたCortex-M3と呼ばれるコアが使われている。

　Cortex-M3を使用する主な利点は、8 bitのAtmel MCUで利用可能な機能を超えた多くの操作を実行できることである。ただし欠点もあり、STM32F103ではArduinoのプログラミング言語が使用できず、アプリケーションを作成する場合は、C言語とマイクロコントローラのアーキテクチャを理解する必要がある。

MPU-6000

クワッドコプタパイロットは、個別に4つのモータのそれぞれを制御せず、静止位置をフライトコントローラに指令するだけである。角度を変更することで、飛行方向を変更する。フライトコントローラは、MPU6000ジャイロスコープ／加速度計からデータを読み出すことによって、その方向を決定する。

MPU6000には、デバイスのx、y、z軸周りの回転速度を識別する3つのMEMS（マイクロ電気機械システム）ジャイロスコープを持っている。その動きは1秒あたりの角度（dps）で測定され、最大値を250、500、1000または2000 dpsに設定できる。さらに、MPU6000にはx、y、z軸に沿った3つの加速度計を持っている。加速度は重力定数（g）で与えられ、フルスケール値は2g、4g、8g、16gに設定できる。

CC3DのSTM32F103は、シリアルペリフェラルインタフェース（SPI）を使用してMPU6000からデータを読み取る。MCUはマスタとして、MOSI（マスタ出力、スレーブ入力）ラインでコマンドを送信する。応答として、MPU6000はMISO（マスタ入力、スレーブ出力）ラインで角速度と加速度データを提供する。

10.4.3　ESC (Electronic Speed Control)

クワッドコプタは4つのESCを必要とするが、4つの別々のものを使用するより、4-in-oneのESCと呼ばれる単一のデバイスを使用するほうが便利で、配線や配置を簡素化できる。

4-in-oneのESCは、電力用の1ペアケーブルとクワッドコプタのモータ用に4つの別々の接続があり、飛行コントローラから制御信号を受信するための12ピンコネクタを有する。3つのピン（信号、5V電源、およびアース）の各行は、1モータを制御する。コストに加えて、ESCを選択する際に少なくとも5つの考慮すべき点がある。

バッテリエリミネータ回路（BEC）	：受信機に電力を供給し、別のバッテリを必要としない。一部のESCには、電源のオン／オフを切り替える汎用バッテリエリミネータ回路（UBEC）とも呼ばれるスイッチングバッテリエリミネータ回路（SBEC）を持つものがある
電流	：種類によるがESCは、20～40Aの許容電流を持っている。クワッドコプタが空中に浮くために必要なモータ電力を供給することが不可欠である
重量	：重量は軽ければ軽いほどよい

Chapter 10 クワッドコプタの設計

プログラミング性：ほとんどのESCには、新しいファームウェアで設定可能なマイクロコントローラが搭載されている。ESCにAtmelのマイクロコントローラを使用した場合、Simon Kirby (SimonK) のファームウェアで設定することができる。Simon Kirbyはhttps://github.com/sim-/tgyから自由にダウンロードできる。原著者は使用した経験がないが、ファームウェアでモータに送られるパルスの速度を上げる設定をすれば、安定性と制御性が改善されるといわれている

ワイヤの長さ：モータに届く長さを持っている必要がある

 他に考慮すべきは熱で、低品質のESCでは高電流の過熱のため、モータへの電力を遮断してしまうことがある。ESCにアルミ板を接着して、熱を放散するのが一般的である。
 ここでは、Hobbywing社のスカイウォーカークワトロ25Ax4を選択し、最大30Aのバーストで定格25Aを出力し、UBECを通じて受信機に電力を供給する。図10.12に概観を示す。

図10.12　スカイウォーカークワトロ25Ax4

原著者の経験では、このスカイウォーカークワトロ25Ax4で何時間もの飛行を問題なく行えた。多くの利用者が同様の経験を持っているが、ESCが飛行中に過熱し、クワッドコプタがクラッシュする原因となったという報告もある。

10.4.4　バッテリ

BEC機能を持った4つの一体型ESCを使用する利点は、電源が1つで済むことである。スカイウォーカークアトロ25Ax4の仕様では、バッテリの要件は「2S-4S (7.4V-14.8V)」である。「2S-4S」は、直列に接続された2～4つのLi-Poセルから十分な電力が引き出されることを意味しており、Li-Poセルは一般に3.7Vであるため、出力電圧範囲は7.4～14.8Vで、仕様を満たしている。

Li-Poバッテリを選択する際、容量とバーストレート（C値）の2つの要素を考慮する必要がある。容量は、バッテリが指定された電圧で供給可能な合計電流を示し、数千mAh (milliamp-hours)単位で示される容量値を見る。

バーストレートは、バッテリの最大放電レートを示している。バッテリから供給可能な最大電流は、C値にその容量値を掛けたものに等しくなる。例えば、2100mAhの容量を有するバッテリが20のC値を有する場合、$2100 \times 20 = 42000\,\text{mA} = 42\,\text{A}$の電流を安全に放電できることを意味している。

バッテリの容量により、モータのシャフトを回す電流をどれくらいにするかが決まる。しかし、容量が大きければ大きいほど重量は大きくなる。そのため、高性能バッテリによって合計電流は増えても、増加した重量のために、実際の飛行時間が減少する可能性がある。

本章で対象とするクワッドコプタでは、3S Li-Poバッテリによって十分な電圧11.1Vが供給できる。電流が優先事項であり、高い放電レートを必要とする。Venom RCは、容量が5000mAh、放電率が35の3S Li-Poバッテリを作成している。これは、最大電流が75Aであることを意味し、クワッドコプタには十分な電流である。図10.13に、このバッテリの概観を示す。

図10.13　Venom RC 35C 5000mAh Li-Poバッテリ

10.5　構造

　この時点で、クワッドコプタ部品のほとんどが選定されたが、フレームが小さすぎて、電子機器、特にVenom RCバッテリを搭載できないことが判明した。そのため、www.hoverthings.comから、2つの大きなプレート、ネジ、およびスタンドオフが含まれたタブセンタープレートキットを購入した。

　部品調達後、以下の8ステップを実行してクワッドコプタを作り上げた。

① 4本のアームがセンタープレートの底部に接続されているように、フリップスポーツの枠を組み立てる

② 各炭素繊維プロペラをブラシレスDCモータに取り付ける。シャフトに接続する前に、各プロペラの内側にセンタリングリングを挿入することを確認する

③ モータの背面の4つのネジ穴を使用して、フレームのアームに各ブラシレスDCモータとプロペラを取り付ける。時計回りのプロペラと反時計回りのプロペラが互いに対向して配置されていることを確認する

④ 4-in-oneのESCを、アームとアームの間にあるフレーム下側のスペースに収める。下側にESCを接続し、4台のブラシレスDCモータへの配線を行い、必要に応じてジップタイでフレームにワイヤを固定する

⑤ タブセンタープレートキットには十字型の2つのプレートが含まれているので、フレームの下側に一方のプレートを接続する

⑥ 電源線が4-in-oneのESCの端子に到達できるように、バッテリの位置を合わせる。タブセンタープレートキットの2つのプレートの間にバッテリを挟む。バッテリを保持するためにベルクロストラップを使用した

⑦ フレームの最上部にフライトコントローラおよび受信機を固定し、ESCの制御ワイヤが、コントローラと接続できることを確認する

⑧ フライトコントローラにESC制御線を接続し、フライトコントローラを受信機に接続する。接続した後、バッテリの電源線をESCに接続する

部品が正しく組み立てられ、接続されていた場合は、フライトコントローラ上のライトが点灯する。図10.14にESCワイヤ接続前のクワッドコプタを示した。

図10.14　クワッドコプタ最終形状

Chapter 10 クワッドコプタの設計

10.6 まとめ

　本章では、クワッドコプタの部品を選択し、実際に動くシステムとしてそれらをアセンブルする方法を説明した

　クワッドコプタのプロペラが重要であるにも関わらず、形や傾きが推力にどのように影響するかを説明する情報がほとんどないことに驚かされる。本章で、推力を直径、ピッチ、および速度に関連付けて導出したが、あくまで近似関係としてのみ使用できることに注意を要する。プロペラがどれくらいの推力を与えることができるかを決める上で、直径がピッチよりもはるかに大きな役割を果たすことを示唆していることは興味深い。

　ここで説明した、フレームや送受信機などのコンポーネントの多くは、自分の好みに合わせて選定するものだ。しかし、モータとプロペラの選定は、大きな直径のプロペラでは大きなトルクが必要になり、そのトルクを供給するためには、Kvの値が低いモータが必要となる。また、モータのシャフトがプロペラにとって大きすぎないことを確認することも重要である。

　ほとんどのフライトコントローラは独自開発されているが、ここで紹介したCC3Dの設計内容はオープンソースとして公開されている。回路基板は、データ処理用のSTM32F103マイクロコントローラに依存しており、受信機からデータを受信するだけでなく、MPU6000ジャイロスコープ／加速度計からのクワッドコプタの加速度と向きの情報によって制御している。

用語集

A

absolute encoder
絶対値エンコーダ
一回転、または多回転の絶対位置を検出できるエンコーダ。

AC motor
ACモータ
AC（交流）パワーにおいて動くモータ。同時的か非同期で、単相または多相である。

air gap
エアギャップ
モータのロータとステータを隔てる空間。

aircore motor
コアレスモータ
電機子鉄心（コア）を使用しない構造のモータ。

Arduino
アルドゥイーノ
シンプルさ、低コスト、および設計の自由度が広いため、広く人気のあるマイクロコントローラベースの回路基板ファミリ。

armature
電機子
電流を流す導体。

asynchronous motor
非同期モータ
誘導モータとほぼ同意語として使われる。

auto-cutoff
自動シャットダウン
ECSが電源電圧低下により遮断すること。

B

back-EMF
逆起電力
回転中に電機子巻線に発生する電圧で、回転数に比例し、電流と逆方向に発生する。

bipolar stepper
バイポーラステッピングモータ
個々のワイヤが内部の電磁石の1本のポールと接続する4線式接続を持つステッピングモータ。これには、コントロールを提供するために、Hブリッジ回路（または同様な回路）を必要とする。

brush
ブラシ、刷子
静止側から回転子側に電流を供給するスライディング機構における静止側の電極のこと。一般にはカーボン系の材料が用いられるが、マイクロモータでは金属が使用される。

Motors for Makers

	brushless DC motor (BLDC) ブラシレスDCモータ	電流が調節されたパルスによってコントロールされるDCモータ。転換器の数が少ないほど高信頼性および高性能となるが、コントロールしづらい。

C

	closed-loop control system 閉ループ制御システム	フィードバック制御を行う制御システム。
	cogging torque コギングトルク	永久磁石モータで電機子電流を流さないときに発生するトルク。
	commutation 整流	ロータの磁極ピッチ回転ごとに電流の流れを反転させるプロセス。
	copper loss 銅損	電機子電流が流れることにより発生する損失。電流がIで電機子抵抗がRaの場合、銅損失はI^2Raに等しくなる。
	coreless motor コアレスモータ	永久磁石の磁気回路に鉄心を使用しないモータ。

D

	dead bandwidth デッドバンド幅	サーボモータが無視する最大パルス長（秒）。パルスの長さがデッドバンド幅より大きい場合、サーボモータは入力指令として動作する。
	duty cycle デューティー比	PWMパルスで、デューティーサイクルは、パルスの幅とパルスの間隔の比。この値は一般にパーセンテージで表される。
	dynamometer ダイナモメータ	電気モータの動作特性を測定するために一般的に使用され、トルクと電力を測定するための計測器。

E

	electric speed control(ESC) 電気速度制御	指令によりモータを速度制御する電子回路。
	electromagnet 電磁石	コイルに電流を流すことによって電磁石となり、高強度の電磁石とするため、鉄心の周りに巻線が巻かれる。
	encoder エンコーダ	位置を検出するためのセンサで、光学式または磁気式がある。

F

field coil / field winding
界磁巻線

界磁を構成する巻線。

field magnet
界磁磁石

モータの界磁を発生させることを目的とする永久磁石。

flyback diode
フライバック（フライホイール）ダイオード

スイッチング素子と逆並列に接続されるダイオード。モータからの電気・磁気エネルギーを電源に回生する機能を持っている。

fractional slot motor
分数スロットモータ

巻線（スロット）の数が極数の倍数でないモータ。

H

H bridge
Hブリッジ

2方向に電流を流すことができるH型に4つのスイッチを備えた回路。これにより、DCモータを正逆回転させることができる。

half-step
ハーフステップ（1-2相励磁）

ドライバが1つの巻線か2つの巻線を通電することを交互に行う、ステッピングモータを制御する方法。

Hall effect sensor
ホール素子センサ

ホール素子による磁極位置検出器。

hobbyist servo
模型用サーボ

電源、グランド、およびコントロールの3つの接続を持つDCモータドライブ用サーボ装置。PWMパルスでモータの角度を制御する。

holding torque
ホールディングトルク

静止時に発生することができる復元トルクの最大値。

horsepower (hp)
馬力

パワーの一単位、1馬力（hp）が745.699872ワットに等しい。

hybrid (HY) stepper
ハイブリッドステッピングモータ

永久磁石形と可変リラクタンス形を組み合わせた構造で、高い角度分解能と大きなトルクを発生するモータ。

I

incremental encoder
インクリメンタルエンコーダ

出力パルスをカウントすることで位置を検出するエンコーダ。

inrunner
インナーロータ

ステータの内部にロータが入る構造。

	insulated-gate bipolar transistor (IGBT) IGBT	バイポーラトランジスタのベースにMosFETのゲートが接続されたスイッチング素子。
	integral slot motor 整数スロットモータ	巻線（スロット）の数が極数の倍数であるモータ。
	inverter or power inverter インバータ	直流から交流に変換する装置。

	Laplace transform ラプラス変換	微分方程式を代数方程式に変換し、再び元に戻す数学的変換。
	linear motor リニアモータ	直線駆動するモータ。
	lithium-iron-phosphate (LiFePO₄ あるいは LFP) リチウム鉄リン酸塩電池	LiFePO₄電池はLi-Po電池ほどのエネルギーを供給しないが、より安定している。
	lithium-polymer (Li-Po) リチウムイオン電池	Li-Po電池は重量あたり優れたエネルギーを発生するが、誤って取り扱うと不安定になる可能性がある。

	metal-oxide-semiconductor field-effect transistor (MosFET) MosFET	トランジスタと同様3極、G（ゲート）・D（ドレイン）・S（ソース）で構成される。ゲートに電圧が印加されるとドレイン—ソース間が導通状態になる高速動作スイッチング素子。
	microstep マイクロステップ駆動	励磁電流をステップ状に変化させるのではなく、正弦波状に変化させることで、ステップ角を細分化する駆動法。

N

	no-load speed 無負荷回転速度	モータが印加電圧に対して無負荷で回転する速度。

用語集

O

outrunner
アウターロータモータ

ステータの外周にロータを配置した構造のモータ。

P

peak efficiency point
最大効率点

最大効率で動作する運転条件。

permanent magnet DC motor (PMDC)
PM DCモータ

永久磁石界磁のDCモータ。

phase angle
位相差

交流回路において電圧と電圧の位相差。

PID (proportional-integral-differential) controller
PID制御器

制御誤差をなくすフィードバック制御系における、比例P積分I微分Dによる制御。

polarity
極性

N極、S極を示す極性。

polyphase motor
多相モータ

一般には三相モータ。

power
パワー

仕事率のことで、電力は電圧と電流の積、回転体ではトルクと回転速度の積、直線運動では力と速度の積。

power factor
力率

入力電力のうち実際の出力に変換されているかを示す0〜1の数値。

pulse width modulation (PWM)
パルス幅偏重

等間隔パルス列を使用してモータに電力を供給する方法。

R

rotor
回転子

機械出力する回転する部分。

RPM
1分間あたりの回転数

毎分回転数。回転数の一般的測定値。1RPMは6°/秒。

211

S

sensorless motor control
センサレスモータ制御
回転検出器を使用せずモータを制御する方法。

series-wound DC motor（SWDC）
直巻DCモータ
電機子巻線と界磁巻線を直列接続したDCモータ。

servomotor
サーボモータ
高精度動作を可能にするためにコントローラにフィードバック制御されるモータ。

shunt-wound DC motor（SHWDC）
分巻DCモータ
電機子巻線と界磁巻線を並列に接続したDCモータ。

stall torque
ストールトルク
モータに最大トルクを加え回転が停止するトルク。

stator
固定子
ヨークと界磁磁極、または電機子鉄心、巻線からなるモータの主要静止部分。

step angle
ステップ角
1パルスでステッピングモータが回転する角度。30°、15°、7.5°、5°、2.5°、1.8°が一般的。

stepper motor
ステッピングモータ
ドライバにパルスが入力されるとステップ角回転し、静止するモータ。

synchronous motor
同期モータ
電源周波数に同期して回転するモータ。

T

torque
トルク
回転力の概念に似た物理量。円弧に沿って作用する力が円の半径に対して垂直である場合、トルクは力と半径との積に等しい。

torque-speed curve
トルク速度特性
トルクと速度の関係を示す特性曲線。

W

watt（W）
ワット
電気の出力を表す単位で、1ワットは毎秒1ジュールに等しいエネルギーを生じさせる仕事率。

索引

A
Adafruit_BBIOモジュール 137
add_channel_pulse関数 114
add_event_detect関数 141
add_interrupt_callback関数 111
AM3359 134
analogRead関数 76
analogReference関数 76
analogWrite関数 77
Arduino IDE 69
Arduino Mega 62, 176
Arduino Motor Shield 62, 79
arm_move関数 96
ATmega2560 66
attach関数 91

B
BBB 132
BCM2837 102
BeagleBone Black 132
BJT 81
BLDC 28

C
CC3D 198-199
CCW 50
cleanup関数 111, 140
CW 50

D
DCモータ 16-21
Debian 135
delay関数 75
del_interrupt_callback関数 113
Device Tree Overlay 138
digitalWrite関数 77
DMA 113
DMCC 146
Dual Motor Controller Cape 146

E
ESC 32, 201
ESCシールド 155, 177, 180

ESC
ESCシステム 33
ESCボード 154
event_callback関数 142
event_detected関数 141

F
forward関数 127

H
HB形ステッピングモータ 38

I
IDLE 3 105
IGBT 20, 50, 157
init_channel関数 114
IRFR7446パワーMosFET 159

L
LCD 85
loop関数 72

M
millis関数 75
MosFET 20, 50
MosFETドライバ 157, 161, 171
MPU6000 201

O
OOP 86

P
PM形ステッピングモータ 37
PRU 135
PRU-ICSS 135
pull_up_down変数 110
PWM 21
PWM信号 148
PWMデューティ比 148
PWMパルス 59, 143
PWMモジュール 113
PWNパルス 59
Python 105

213

R

Raspberry Pi	100
Raspbian	104
RaspiRobot Board	118
reverse関数	127
Revo	198
RPi.GPIO	108
RPIO	108
RPIO.BCM	109
RPIO.BOARD	109

S

SCP	136
Servoライブラリ	90
set_dutycycle関数	144
set_frequency関数	144
set_servo関数	117
setmode関数	109
set_motors関数	127
setSpeed関数	87
setup関数	72, 86
SPI	85
SSH	136
start関数	143
Stepper関数	86
Stepperライブラリ	85
System on Chip	134

T

time.sleep関数	117, 127, 143

U

Ubuntu	135

V

Vin	80
VR形ステッピングモータ	37

W

wait_for_edge関数	140-141
whileループ	140
writeMicroseconds関数	91
write関数	91

あ

アナログ値の出力	76
アナログ値の取得	76
アンペールの法則	16

い

イェドリク	3
位置制御	56
一方向駆動	24
イネーブル信号	148
インタラプト	111
インバータ	29

え

液晶ディスプレイ	85
エルステッド	2

お

オープンコレクタ出力	119
オブジェクト指向プログラミング	86

か

回路図	169
角速度	9

き

機械的整流	22
キルヒホッフの法則	167

く

グローバル変数	72
クローポール	37
クワッドコプタ	184

け

ゲイン調整	55
ゲート	20, 158

こ

コールバック	112
コンストラクタ	86
コントローラ	18

さ

サーボ	48
サーボモータ	5, 7, 48

し

質量流量比	188
受信機	196
シリアル周辺機器インタフェース	85

す

スイッチング回路	18, 149

索引

スイッチング素子 18
ステッピングモータ 5, 7, 36
スレッショルド電圧 158

せ

正逆方向駆動 24
積分ゲイン 148
セミクローズドループ 49
ゼロクロス検出 164, 172
センサ制御 31
センサレス駆動 174
センサレス制御 31

そ

送信機 194
ソース 158

た

ダイナモ 22
タイミング関数 75
溜りパルス 57

ち

力 8
チャージポンプ 161

て

定常偏差 54
低電力プロセッサ 18
デッドバンド幅 59
デューティーサイクル 21
デューティー比 77-78
電子速度制御 32
電流 16
電流フィードバック 51

と

等価回路 10
同期モータ 5
トランジスタ 19
トルク 8, 16
ドレイン 158

は

ハイサイド MosFET 162-164
バイポーラ結線 87
バイポーラトランジスタ 50, 81
バリアブルリラクタンス形 37
パルス幅変調 20, 21

パルス列信号 56
汎用IOピン 107, 139
汎用IOピン接続 119

ひ

微分ゲイン 148
比例ゲイン 148
ピン番号 78

ふ

ブートストラップコンデンサ 163
浮上力 187
フライトコントローラ 198
ブラシ付きDCモータ 21-23
ブラシレスDCモータ 28-33, 174-180
フルクローズドループ 49
フレーム 184
プログラマブルリアルタイムユニット 135
プロペラ 186
プロペラピッチ 189

へ

ヘッダ接続 169
偏差 54
偏差カウンタ 56

ほ

ボード電源 119
ボディダイオード 160

ま

マイクロコントローラ 18, 64, 200
マイクロステップ駆動 45
マイクロモータ 5, 7

め

メンバ関数 86
メンバ変数 86

も

モータ出力 119
モータ制御 62, 150

ゆ

誘導モータ 5
ユニポーラ結線 87

ろ

ローサイド MosFET 162-164

■著者プロフィール
Matthew Scarpino（マシュー・スカルピノ）
ハードウェアおよびソフトウェアの設計に関して12年以上の経験を持つエンジニア。電気工学修士。CID＋（Advanced Certified Interconnect Designer）の資格を持つ。著書に『Designing Circuit Boards with EAGLE: Make High-Quality PCBS at Low Cost』（Prentice Hall刊）がある。

■監訳者プロフィール
百目鬼 英雄（どうめき ひでお）
1953年生まれ。1977年武蔵工業大学電気工学科卒業。オリエンタルモーター㈱を経て、2003年武蔵工業大学教授。現在東京都市大学電気電子工学科教授。2007年7月から1年イギリスグラスゴー大学客員研究員。専門は電気機器工学・パワーエレクトロニクス。工学博士。『電動モータドライブの基礎と応用』（技術評論社）など著書多数。

◆装丁：嶋 健夫（トップスタジオデザイン室）
◆本文デザイン：徳田 久美（トップスタジオデザイン室）
◆編集：大戸 英樹（株式会社トップスタジオ）
◆DTP：株式会社トップスタジオ

自作（じさく）マニアのための
小型（こがた）モータ・パーフェクトブック

基礎（きそ）から学（まな）んでArduino（アルドゥイーノ）＆ Raspberry Pi（ラズベリーパイ）による
制御（せいぎょ）を楽（たの）しもう

2018年10月31日　初　　版　第1刷発行

著　者　マシュー・スカルピノ
発行者　片岡　巖
発行所　株式会社技術評論社
　　　　東京都新宿区市谷左内町21-13
　　　　電話　03-3513-6150　販売促進部
　　　　　　　03-3267-2270　書籍編集部
印刷・製本　港北出版印刷株式会社

定価はカバーに表示してあります。

本書の一部または全部を著作権法の定める範囲を超え，無断で複写，複製，転載，テープ化，ファイルに落とすことを禁じます。

©2018　Matthew Scarpino／百目鬼 英雄（日本語版）

造本には細心の注意を払っておりますが、万一、乱丁（ページの乱れ）や落丁（ページの抜け）がございましたら、小社販売促進部までお送りください。送料小社負担にてお取り替えいたします。

ISBN978-4-297-10113-8 C3055
Printed in Japan